電子情報通信レクチャーシリーズ B-5

論理回路

電子情報通信学会 ◉ 編

安浦寛人 著

コロナ社

▶電子情報通信学会 教科書委員会 企画委員会◀

- ●委員長 —— 原島 博(東京大学名誉教授)
- ●幹事 —— 石塚 満(東京大学名誉教授)
  (五十音順)
  大石 進一(早稲田大学教授)
  中川 正雄(慶應義塾大学名誉教授)
  古屋 一仁(東京工業大学名誉教授)

▶電子情報通信学会 教科書委員会◀

- ●委員長 —— 辻井 重男(東京工業大学名誉教授)
- ●副委員長 —— 神谷 武志(東京大学名誉教授)
  宮原 秀夫(大阪大学名誉教授)
- ●幹事長兼企画委員長 —— 原島 博(東京大学名誉教授)
- ●幹事 —— 石塚 満(東京大学名誉教授)
  (五十音順)
  大石 進一(早稲田大学教授)
  中川 正雄(慶應義塾大学名誉教授)
  古屋 一仁(東京工業大学名誉教授)
- ●委員 —— 122名

(2015年8月現在)

刊行のことば

　新世紀の開幕を控えた1990年代，本学会が対象とする学問と技術の広がりと奥行きは飛躍的に拡大し，電子情報通信技術とほぼ同義語としての"IT"が連日，新聞紙面を賑わすようになった．

　いわゆるIT革命に対する感度は人により様々であるとしても，ITが経済，行政，教育，文化，医療，福祉，環境など社会全般のインフラストラクチャとなり，グローバルなスケールで文明の構造と人々の心のありさまを変えつつあることは間違いない．

　また，政府がITと並ぶ科学技術政策の重点として掲げるナノテクノロジーやバイオテクノロジーも本学会が直接，あるいは間接に対象とするフロンティアである．例えば工学にとって，これまで教養的色彩の強かった量子力学は，今やナノテクノロジーや量子コンピュータの研究開発に不可欠な実学的手法となった．

　こうした技術と人間・社会とのかかわりの深まりや学術の広がりを踏まえて，本学会は1999年，教科書委員会を発足させ，約2年間をかけて新しい教科書シリーズの構想を練り，高専，大学学部学生，及び大学院学生を主な対象として，共通，基礎，基盤，展開の諸段階からなる60余冊の教科書を刊行することとした．

　分野の広がりに加えて，ビジュアルな説明に重点をおいて理解を深めるよう配慮したのも本シリーズの特長である．しかし，受身的な読み方だけでは，書かれた内容を活用することはできない．"分かる"とは，自分なりの論理で対象を再構築することである．研究開発の将来を担う学生諸君には是非そのような積極的な読み方をしていただきたい．

　さて，IT社会が目指す人類の普遍的価値は何かと改めて問われれば，それは，安定性とのバランスが保たれる中での自由の拡大ではないだろうか．

　哲学者ヘーゲルは，"世界史とは，人間の自由の意識の進歩のことであり，…　その進歩の必然性を我々は認識しなければならない"と歴史哲学講義で述べている．"自由"には利便性の向上や自己決定・選択幅の拡大など多様な意味が込められよう．電子情報通信技術による自由の拡大は，様々な矛盾や相克あるいは摩擦を引き起こすことも事実であるが，それらのマイナス面を最小化しつつ，我々はヘーゲルの時代的，地域的制約を超えて，人々の幸福感を高めるような自由の拡大を目指したいものである．

　学生諸君が，そのような夢と気概をもって勉学し，将来，各自の才能を十分に発揮して活躍していただくための知的資産として本教科書シリーズが役立つことを執筆者らと共に願っ

ている．

　なお，昭和55年以来発刊してきた電子情報通信学会大学シリーズも，現代的価値を持ち続けているので，本シリーズとあわせ，利用していただければ幸いである．

　終わりに本シリーズの発刊にご協力いただいた多くの方々に深い感謝の意を表しておきたい．

2002年3月　　　　　　　　　　　　　　　　　電子情報通信学会 教科書委員会

　　　　　　　　　　　　　　　　　　　　　　　　　委員長　辻 井 重 男

まえがき

　現代はまさに情報化社会であり，各種の社会基盤やサービスが情報システムの上に構築されて，社会全体が情報ネットワークという神経系で結ばれた各種情報システムの複合体となっている．このような情報化社会を構築する基礎となっているのが，情報通信技術である．その情報通信技術の中核は，ディジタル回路によって構成された各種の電子機器であり，またその上で動作するさまざまなソフトウェアである．

　論理回路は，主としてシリコン基盤上に形成される半導体素子を中心としたディジタル回路の数学的なモデルであり，現代社会を支える基盤技術の一つである．論理回路の起源は，現在の半導体素子が発明される20世紀半ばよりも遥か昔であり，機械的な仕掛けや電磁石を用いた電気的なスイッチ（リレー素子と呼ばれる）による論理回路と同じ原理の機械が使われた時代もあった．また，その数学的な基礎は，古代ギリシャの論理学や19世紀のブール代数にその起源をさかのぼることができる．

　1950年代に固体半導体によるトランジスタが発明され，その後，ムーアの法則と呼ばれる「集積度が3年で4倍になる」という技術革新が続き，10年間で約1000倍の性能向上やコスト低減が進んだ．その結果，1970年代以降の40年間で約1兆倍の性能向上という驚異的な変化がもたらされた．

　現代では，世界中に広がる情報ネットワークによって，安価な通信や情報伝達が可能となっている．ほとんどの電子機器にはディジタル回路で構成されたマイクロプロセッサやメモリが搭載されて，多様で便利な機能をユーザに提供している．このような，急激な技術革新は，社会構造や各種産業構造にも急激なパラダイム変化を引き起こしており，人々の生活スタイルや人生観さえも変革している．

　本書は，過去半世紀の急激な技術革新によって人類社会に大変革をもたらした，ディジタル回路の基礎である論理回路の原理および設計手法についての入門書である．過去半世紀における情報通信技術は，他に例を見ないほどの異常ともいえる急速な発展を遂げた技術分野であるが，その一方で，論理回路の原理や基本的な仕組みは，この半世紀の間，ほとんど変わっていないことも事実である．これは驚くべきことであり，そこに普遍的かつ本質的な基本原理が内在するとも言える．本書を手にした読者の皆さんは，「原理を知って，技術を使いこなす」という原点に立ち返って学んでほしい．論理回路については，すでに多くの優れた教科書や解説書があるが，本書では，過去半世紀の変化を踏まえて，重要と考える原理を中心に平易に解説

したつもりである．読者の皆さんの学習の一助となれば幸いと考える．

本書は1章では，アナログシステムとディジタルシステムの本質的な違いを説明し，ディジタルシステムの基礎となる情報の量子化という考え方を理解する．2章では，論理回路の数学的な基礎となる論理関数に関する定義や諸定理，そしてその表現方法を学習する．3章では，現在の論理回路の多くの実現に利用されているCMOS回路の原理を学び，4章と5章で具体的に，与えられた論理関数をCMOSによる組合せ論理回路として実現する方法を学ぶ．

6章では，CMOS回路による記憶を実現する方法を学ぶ．7章と8章では，多くのディジタルシステムの基本となる同期式順序回路の数学的なモデルである有限状態機械について学習する．9章で，2章から8章までの知識を総動員して，同期式順序回路を設計する手法を身につける．10章では，最も基本的なディジタルシステムの構成要素である算術加算と算術乗算を行う回路の構成に触れる．

本書の執筆にあたっては，九州大学工学部でともに論理回路の講義を担当した松永裕介先生，福田晃先生，興雄司先生ほか，多くの教員や学生の皆様のご支援やご協力をいただいたので，ここに心からの感謝を表したい．また，執筆が大幅に遅れたにもかかわらず，多大なるご支援をいただいた電子情報通信学会の関係者やコロナ社の担当の皆様にも心より感謝する．最後に，心身ともに支えてくれた家族にも謝意を表す．

2015年8月

安 浦 寛 人

目次

1. ディジタルシステムの基礎

- 1.1 ディジタル方式とアナログ方式 ... 2
- 1.2 ディジタル方式と2進数 ... 5
- 談話室 2進数表現と10進数表現 ... 6
- 1.3 ディジタルシステムと論理回路 ... 7
- 本章のまとめ ... 8
- 理解度の確認 ... 8

2. 論理代数と論理関数

- 2.1 論理代数 ... 10
  - 2.1.1 集合，2項関係，関数，演算 ... 10
  - 2.1.2 論理代数の演算と性質 ... 11
- 談話室 双対原理 ... 14
- 2.2 論理関数とその表現 ... 14
  - 2.2.1 論理関数 ... 15
  - 2.2.2 真理値表 ... 15
  - 2.2.3 論理式 ... 16
  - 2.2.4 2分決定グラフ ... 18
- 談話室 2分決定グラフから進化したデータ構造 ... 20
  　　　 NP完全問題 ... 21
- 本章のまとめ ... 21
- 理解度の確認 ... 22

3. 論理素子

- 3.1 MOSトランジスタとCMOS回路 ……………………………… 24
- 3.2 基本論理素子 …………………………………………………… 26
- 本章のまとめ ………………………………………………………… 29
- 理解度の確認 ………………………………………………………… 30

4. 論理式の最小化

- 4.1 論理式と論理回路 ……………………………………………… 32
- 4.2 幾何学的表現とカルノー図 …………………………………… 34
- 4.3 カルノー図を用いた論理式の最小化 ………………………… 39
- 談話室　Quine-MaCluskey法 …………………………………… 42
- 　　　　　不完全指定論理関数 …………………………………… 43
- 本章のまとめ ………………………………………………………… 45
- 理解度の確認 ………………………………………………………… 45

5. 組合せ論理回路の設計

- 5.1 論理式からの組合せ論理回路の設計 ………………………… 48
- 5.2 組合せ論理回路の遅延時間 …………………………………… 52
- 5.3 組合せ論理回路の消費電力 …………………………………… 53
- 本章のまとめ ………………………………………………………… 54
- 理解度の確認 ………………………………………………………… 54

6. フリップフロップと記憶

- 6.1 受動素子による記憶 …………………………………………… 56
- 6.2 能動素子による記憶 …………………………………………… 57
- 6.3 マスタースレーブフリップフロップ ………………………… 60
- 本章のまとめ ………………………………………………………… 62

| 理解度の確認 ………………………………………………… 62

7. 有限状態機械

| 7.1　有限状態機械とは何か ……………………………… 64
| 7.2　有限状態機械の数学的定義 …………………………… 66
| 7.3　有限状態機械と順序回路 ……………………………… 69
| 本章のまとめ ………………………………………………… 71
| 理解度の確認 ………………………………………………… 72

8. 有限状態機械の状態数の最小化

| 8.1　有限状態機械と状態の等価性 ………………………… 74
| 8.2　状態数の最小化 ………………………………………… 75
| 8.3　状態数の最小化問題の解法 …………………………… 78
| 談話室　不完全指定有限状態機械 ………………………… 81
| 本章のまとめ ………………………………………………… 82
| 理解度の確認 ………………………………………………… 82

9. 同期式順序回路の設計

| 9.1　有限状態機械の順序回路による実現 ………………… 84
| 9.2　同期式順序回路の設計手法 …………………………… 91
| 談話室　設計自動化技術 …………………………………… 100
| 9.3　クロック信号の生成 …………………………………… 101
| 談話室　クロック周期の保証 ……………………………… 102
| 本章のまとめ ………………………………………………… 103
| 理解度の確認 ………………………………………………… 104

10. 算術演算回路

10.1 加算回路 …………………………………… *106*
談話室　桁上げ先見加算器 …………………………………… *109*
10.2 乗算回路 …………………………………… *109*
本章のまとめ …………………………………… *112*
理解度の確認 …………………………………… *113*

引用・参考文献 …………………………………… *114*
理解度の確認；解説 …………………………………… *115*
索　　引 …………………………………… *126*

1 ディジタルシステムの基礎

　現代のコンピュータをはじめとする情報通信機器や電子機器の多くは，ディジタルシステムによりその中核部分が構成されている．論理回路は，ディジタルシステムの基本回路である．
　本章では，ディジタルシステムの基本的な考え方をアナログシステムと対比しながら学習する．

1.1 ディジタル方式とアナログ方式

情報を記憶(蓄積),伝送,処理(計算)するためには,各種情報を電流や電圧などの物理的な量に置き換え表現することが必要である.ここでは,広く利用されているディジタル方式とアナログ方式の原理を学習し,それぞれの利点と欠点を学ぶ.

アナログ(analog)方式は,過去1世紀にわたりラジオやテレビなどの音声や画像情報の伝送に広く用いられた方式である.初期のコンピュータも記憶や処理にアナログ方式が一時使われた.アナログとは,相似や類似という意味が語源であり,連続量である元の情報とそれを表す信号としての物理量が,基本的にある種の相似関係をもつ方式である.

図 1.1 にアナログ方式による情報の取り扱いの原理を示す.連続量である元の情報(原情報:例えば音の高低や画素の色など)は,1価関数 $f(x)$ によって連続量の信号(電流,電圧,振幅,周波数,位相などの物理量)に変換される.例えば,原情報の値が a の場合,信号値 $f(a)$ に変換される.この信号値が,記憶されたり,伝送されたりする.計算等の処理に使われる場合もある.

一般に,記憶・伝送・処理の過程で,各種の雑音によって信号値が本来の値からずれる可能

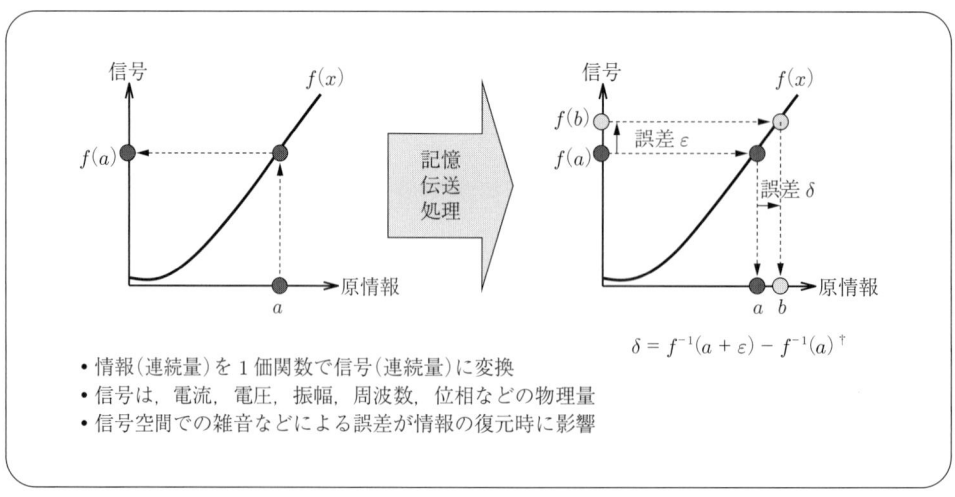

- 情報(連続量)を1価関数で信号(連続量)に変換
- 信号は,電流,電圧,振幅,周波数,位相などの物理量
- 信号空間での雑音などによる誤差が情報の復元時に影響

図 1.1 アナログ方式の原理

---

† f^{-1} は f の逆関数を表す.

性がある．図 1.1 の右図に示すように，信号値 $f(a)$ が $f(b)$ へずれた場合（誤差 ε の発生），この信号値から情報を復元したとき，原情報 a は，b という値にずれてしまう．すなわち，信号の記憶・伝送・処理の過程で発生する誤差は，$f^{-1}(x)$ を介してそのまま原情報の誤差 δ となる．

一方，**ディジタル**（digital）方式による情報の取り扱いは，20 世紀後半の半導体集積回路技術の発展とともに多くの情報通信機器で広く利用され，コンピュータや現代の家電製品の多くもディジタル方式を採用している．我が国では，2011 年からは 50 年以上続いたテレビの地上波アナログ放送が廃止され，ディジタル方式へ変更された．ディジタルとは，もともとは指を表す語が語源であり，手の指を曲げたり延ばしたりして数を数える動作から，数字や数値を表す桁の意味に使われるようになった．

図 **1.2** にディジタル方式の原理を示す．連続量である元の情報を，階段関数 $g(x)$ によって離散量の**符号**（code）に変換される．例えば，図において原情報の値が a と b の場合，いずれも信号値 $g(a) = g(b) = 2$ へ変換される．この符号化の過程では，連続した異なる原情報が同一の符号に変換されることになる．すなわち，原情報 b を中心とする情報に対する符号は，すべて $g(b)$ となる．このようにディジタル方式では，符号化の過程において離散化（量子化とも呼ぶ）に伴う必然的な誤差 ε が生じる．これを**量子化誤差**（quantization error）と呼ぶ．符号は更に電流，電圧，振幅，周波数，位相などの物理量を用いた信号へと変換される．

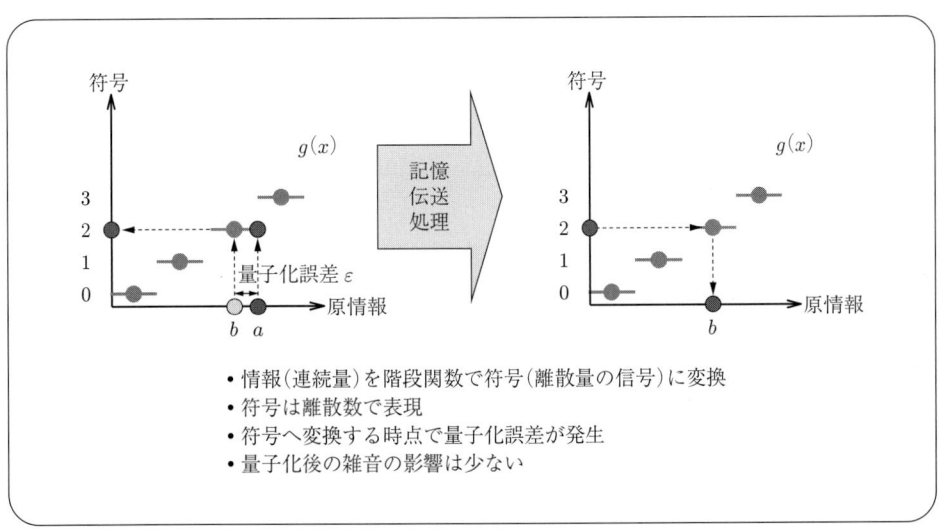

図 **1.2** ディジタル方式の原理

図 **1.3** で，対象物の測定された重さの情報を伝送する例によって，アナログ方式とディジタル方式を比較する．物理的な信号としては電圧を用いるとし，アナログ方式は，$s\,[\mathrm{V}] = 2x$ $[\mathrm{kg}]$ によって信号に変換されるとする．この例では，原情報 $3.14\,\mathrm{kg}$ は，信号値として電圧 $6.28\,\mathrm{V}$ へ変換される．ディジタル方式では，$0\,\mathrm{kg}$ から $1\,\mathrm{kg}$ までを $(0,0)$, $1\,\mathrm{kg}$ から $2\,\mathrm{kg}$ まで

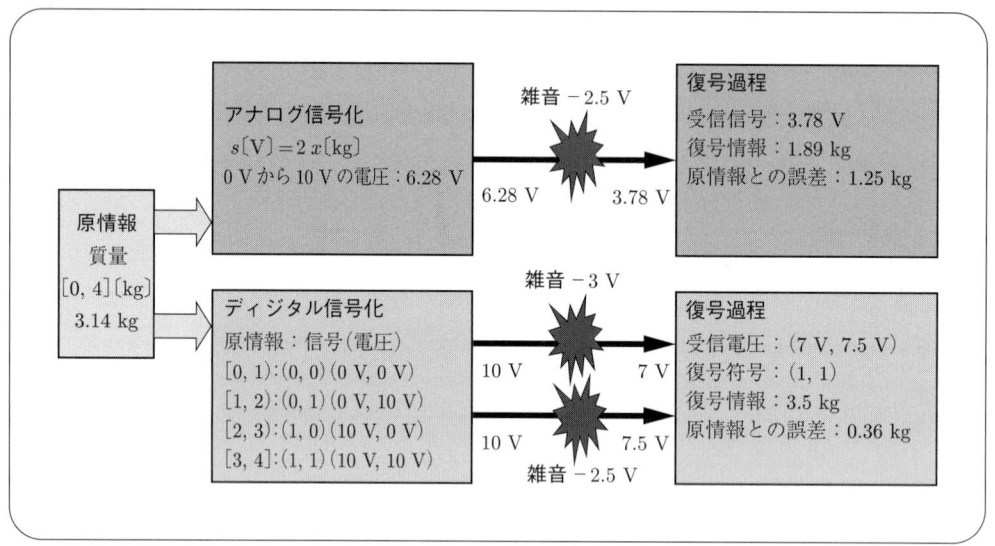

図 1.3　アナログ方式とディジタル方式の比較

を $(0,1)$，2 kg から 3 kg までを $(1,0)$，3 kg から 4 kg までを $(1,1)$ という，2 次元（2 つの値）の 2 値（0 または 1 の 2 値のみを使う）ベクトル符号で表すことにする．元の情報に戻す（復号と呼ぶ）ときは，$(0,0)$ は 0.5 kg，$(0,1)$ は 1.5 kg，$(1,0)$ は 2.5 kg，$(1,1)$ は 3.5 kg とする．このとき，離散化誤差は最大 0.5 kg となる．更に，この 2 値ベクトルの各要素の 0 を電圧 0 V，1 を電圧 10 V で表す．原情報 3.14 kg は，$(10\,\mathrm{V}, 10\,\mathrm{V})$ という 2 本の信号線の電圧信号へと変換される．受信信号が 5 V 未満の場合は 0，5 V 以上の場合は 1 と判定することにする．

信号の伝達の途中で，雑音により電圧の降下が生じたとする．この場合，アナログ方式では，その雑音がそのまま受信される情報に反映され，2.5 V の電圧の降下が 1.25 kg の誤差となって現れる．一方，ディジタル方式では，符号化の段階で 0.36 kg の量子化誤差が生じるが，伝送の途中で 5 V より小さな電圧降下が起こっても，受信信号は $(1,1)$ と判定され，3.5 kg という情報が伝送されたことになる．

この例では，2 次元（2 つの値）の 2 値ベクトルを用いたが，3 次元の 2 値ベクトルを用いると離散化誤差は半分に，4 次元の 2 値ベクトルでは 1/4 に減少させることができる．その代償として，情報を伝送する伝送線は，3 本あるいは 4 本に増えることになる．

このように，ディジタル方式では符号化の段階での量子化誤差は避けられないが，符号化の後は，雑音の影響を受けにくい情報の記憶・伝送・処理が行える．これは，複雑なシステムを構築するうえで

1) 設計段階における雑音対策を簡単にできる
2) システム自身の雑音による誤動作の確率を下げることができる

3) 製造段階の素子の製造ばらつきの影響を小さくできる

という利点があり，現在では多くの電子機器や情報通信機器の主要部分にディジタル方式が用いられるようになっている．

1.2 ディジタル方式と2進数

現在のディジタル方式の多くは，2進数表現への符号化を基本としている．本節では，ディジタル方式が2進数表現を用いる理由について学ぶ．

ディジタル方式においては，原情報を離散値の符号に変換する．実用的なシステムでは，符号として整数の有限集合を用いることが多い．整数を表現するために，我々は日常，**10進数表現**（decimal representation）と呼ばれる10を基数とする位取り基数表現を用いている．一方，ディジタルシステムでは，2を基数とする位取り基数表現である**2進数表現**（binary representation）が広く用いられる．

2進数表現は，各桁が0か1で表され，n桁の2進数 $(x_{n-1}x_{n-2}\cdots x_1 x_0)$ は

$$\sum_{i=0}^{n-1} x_i 2^i$$

という整数を表す．各桁の x_i は0か1であるため，これを2つの物理量（電圧の高低，電流の有無など）に対応させることにより，単純な物理現象による記憶・伝送・処理が可能となる．図1.3では，0から3までの4つの整数の2進数表現を符号として用いたことになる．

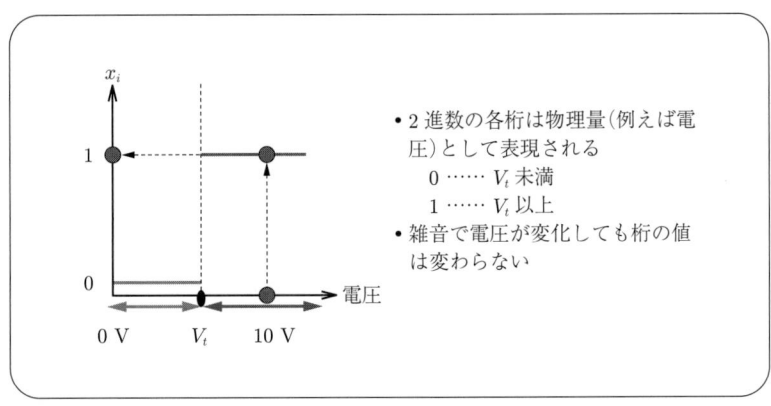

図 1.4　2進数表現と電圧の対応

2進数表現の各桁を，図 1.4 に示すように，例えば x_i の 0 と 1 を電圧の 0 V と 10 V に対応させる．復号のときには，0 V と 10 V の中間の電圧 V_t（しきい電圧と呼ばれる）より小さいか大きいかによって，x_i の値が 0 であるか 1 であるかを判定する．このため，雑音によって電圧が変化しても V_t を超えない限り，x_i の値は変わらない．

最近のディジタルシステムでは，各桁を 2 値（0 と 1）で表す 2 進数表現以外に，3 値や 4 値を使うものも一部で実用化されているが，大半のシステムは 2 値を利用している．これは，物理現象に対応させる段階で，3 値の場合は 2 つ，4 値の場合は 3 つのしきい値（図 1.4 のしきい電圧 V_t に対応する値）を用意しなければならず，システムや回路によるしきい値を超えたかどうかの判定の実現が難しくなることに起因している．

2 値を利用するディジタルシステムは，最も単純な仕組みであり，究極のディジタルシステムといえる．一般に単純な仕組みほど実現が簡単であり，設計や製造が容易となる．これが，2 進数表現を用いる理由である．

☕ 談 話 室 ☕

2 進数表現と 10 進数表現　　2 進数表現と 10 進数表現は，図 1.5 のような手順で相互に変換できる．いつでも相互変換ができるように練習しておこう．

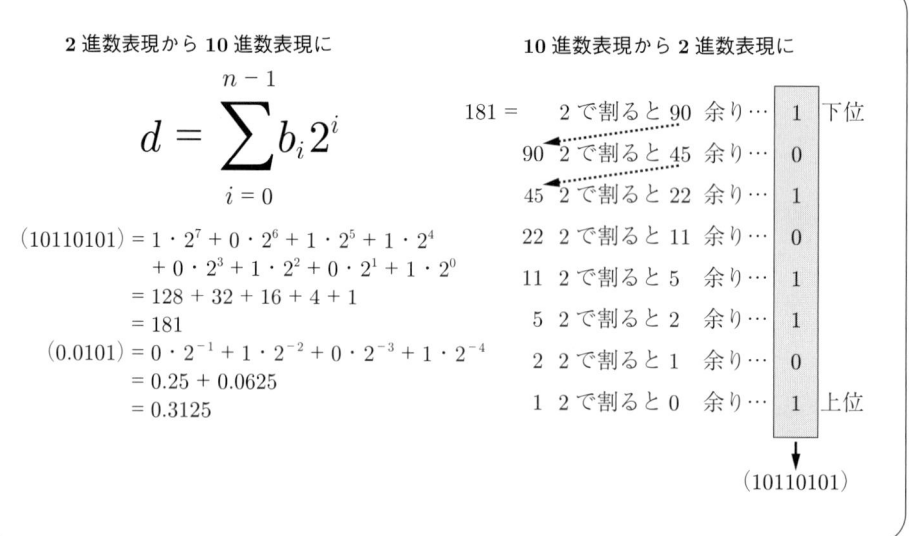

図 1.5　2 進数表現と 10 進数表現の変換

1.3 ディジタルシステムと論理回路

現在のディジタルシステムの多くが，シリコントランジスタによって構成される **CMOS** (complementary MOS) 回路を使った論理回路として実現されている．本節では，論理回路の設計や製造の視点から，ディジタル方式の特徴をまとめる．

ディジタルシステムの多くが，2 値の電圧を利用する論理回路として実現されている．現在の論理回路は，3 章で学習する CMOS 回路として実現される．1970 年代から利用され始めた CMOS 回路は，過去 30 年以上にわたって論理回路の主流となってきたが，将来は別の物理現象を利用した論理回路やディジタルシステムが主流となる可能性もある．基盤となる物理現象が変わっても，本章で学んだディジタル方式の基本的な考え方は変化しないと思われる．

ディジタル方式では，情報は量子化される．これに伴い，必然的に量子化誤差が発生する．量子化された符号は多くの場合各桁が 2 値で表される 2 進数表現で表され，物理信号（CMOS では電圧）に変換される．物理信号は 0 と 1 を区別できればよく，しきい値より大きいと 1，小さいと 0 として取り扱われる．十分な余裕をもつように設計できるので，雑音による物理信号の変化が取り扱う情報自身に影響を与えない．このため，情報の記憶・伝送・処理などの各過程における雑音の影響が少ない．また，回路の設計や製造においても，雑音問題に煩わされないで設計できる．量子化誤差の影響を小さくするためには，2 進数表現の桁数を大きくすることですなわち利用する整数の数を増やすことで，量子化による誤差の影響を小さくして十分な精度を確保できる．

このようなディジタル方式の特徴により

- 誤りにくい記憶：**フラッシュメモリ**（flash memory），**CD**（compact disk）や **DVD**（digital video disk），大容量磁気ディスク，コンピュータの記憶装置などの大容量で高速な記憶
- 誤りにくい通信：ディジタル放送やディジタル通信における美しい画像や音声の伝送
- 誤りにくい計算：大規模で複雑なコンピュータシステムや自動車・家電製品などの組込みシステム

が実現できている．

1. ディジタルシステムの基礎

本章のまとめ

❶ **アナログ方式**　　原情報を直接物理量に対応させる方式．

❷ **ディジタル方式**　　原情報を離散値で符号化し，2進数表現で物理量に対応させる方式．

❸ **量子化誤差**　　離散符号への変換過程で発生する誤差．

❹ **2進数表現**　　各桁を2値で表す2を基数とする位取り基数表現．

●理解度の確認●

問 1.1　音楽情報の記憶装置を例にとって，アナログ方式とディジタル方式の利点と欠点について比較検討せよ．

問 1.2　$-16°C$ から $48°C$ までの気温情報を，5桁の2進数表現で符号化する場合の量子化誤差を最小にする符号化法を考えよ．

2 論理代数と論理関数

　論理代数は，ギリシャ時代の論理学に起源をもつ最も単純な代数系である．本書で対象とする論理回路は，論理関数の電子回路による物理的な実現である．本章では論理代数の基本的な定義，論理関数とその表現法について学び，論理回路の設計手法の基礎となる数学的背景を理解する．

2.1 論理代数

数学における**代数系**（algebraic system）とは，集合とそのうえで定義される演算によって作られる系である．最も単純な代数として，**論理代数**（logic algebra）が知られている．論理代数を定義する前に，基礎となる数学的な用語をいくつか準備する．

2.1.1 集合，2項関係，関数，演算

ここでは，有限個の要素からなる有限集合を対象とする．有限集合 X の2つの要素 x と y の順番も考えた組 (x,y) を**順序対**（ordered pair）と呼ぶ．一般に，n 個の要素 $x_1, x_2, \cdots, x_n$ の順番も考えた組 $(x_1, x_2, \cdots, x_n)$ を，順序 n 組または n 組と呼ぶ．n 組は，集合 X の要素からなる n 次元ベクトルと考えてもよい．

n 組の各要素は必ずしも同じ有限集合 X の要素でなくてもよい．2つの集合 X と Y の**直積**（direct product）$X \times Y$ は，$X \times Y = \{(x,y) \mid x \in X, y \in Y\}$ と定義される．すなわち，X の要素と Y の要素のすべての順序対からなる集合である．3つ以上の集合の直積も，同様に各集合の要素からなる n 組の集合として定義できる．また，同じ集合どうしの直積 $X \times X$ を X^2，X の n 個の直積を X^n と表す．

2つの集合 X と Y の直積 $X \times Y$ の部分集合 R を「X から Y への **2項関係**（binary relation）」と呼ぶ．2項関係 $R \subseteq X \times Y$ において，$x \in X$，$y \in Y$ かつ $(x,y) \in R$ のとき，「x と y とは関係 R をもつ」といい，$x R y$ と表す（**図 2.1**(a) 参照）．特に，X から X への 2項関係 $R \subseteq X \times X = X^2$ を「X 上の 2項関係」と呼ぶ．

集合 X から集合 Y への 2項関係 f において，任意の $x \in X$ に対し，$x f y$ なる $y \in Y$ が唯一存在するとき，f を「X から Y への**関数**」という（図 (b) 参照）．このとき，$f : X \longrightarrow Y$ と書き，上記の要素 x と y に対し，$y = f(x)$ と表す．x を入力変数，y を出力変数と呼ぶ．

関数のうち，$f : X \to X$ を X 上の**単項演算**（unary operation）と呼ぶ．また，$f : X \times X \to X$ を X 上の **2項演算**（binary operation）と呼ぶ．

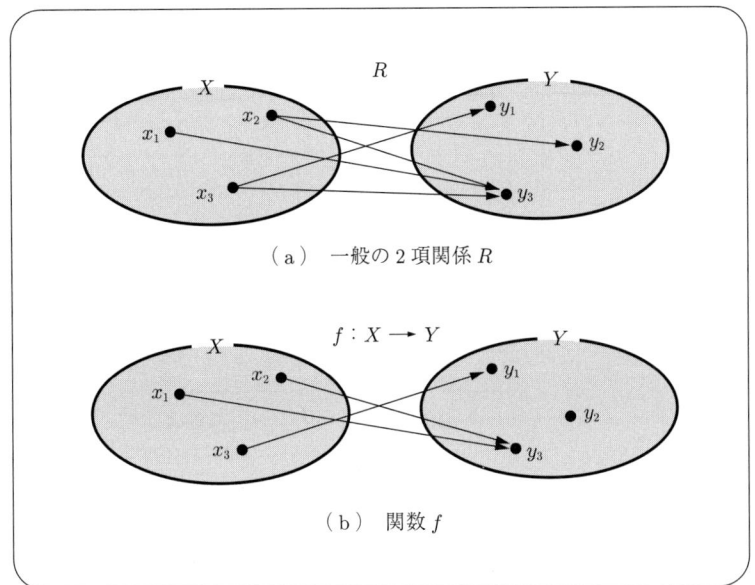

図 2.1　2 項関係と関数

2.1.2　論理代数の演算と性質

2 つの要素からなる集合 $B = \{0, 1\}$ に対し，B と B 上の 1 つの単項演算及び 2 つの 2 項演算によって作られる代数系が，論理代数である．単項演算は，**否定**（logical inverse）と呼ばれ

　　{0 NOT 1, 1 NOT 0}

と 2 項関係で定義される B 上の単項演算 NOT である．NOT は否定（logical inverse）と呼ばれる．2 項演算は，**論理和**（logical sum）OR と**論理積**（logical product）AND であり

　　{(0, 0) OR 0, (0, 1) OR 1, (1, 0) OR 1, (1, 1) OR 1}

と

　　{(0, 0) AND 0, (0, 1) AND 0, (1, 0) AND 0, (1, 1) AND 1}

で 2 項関係として定義される．この B と NOT，OR，AND で作られる代数系が論理代数である．図 **2.2** に示すように，NOT は x'，OR は $x+y$，AND は $x \cdot y$（2.2.3 項以降は $\cdot$ は省略する）で表す．演算を組み合わせて式として表すときは，NOT，AND，OR の順番で適用する．すなわち，$(x') + (y \cdot (z'))$ は，$x' + y \cdot z'$ と記述する．

12　　2. 論理代数と論理関数

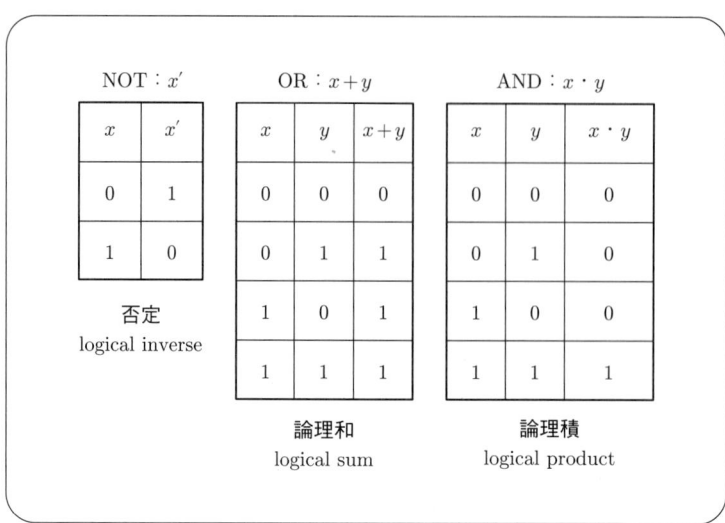

図 2.2　論理代数の基本演算

図 2.3 に示すように，B 上の単項演算は 4 個，2 項演算は 16 個ある．それにも関わらず，なぜこの 3 種類の演算が用いられるのであろうか？　これは，ギリシャ時代以来の論理学の流れと，この論理代数が密接に関係していることに起因する．

論理学では，論理の**真**（True）と**偽**（False）を問題とした．この真偽の値を，1 と 0 に対応させると，NOT は真偽の反転（否定），OR は一方が真であれば全体が真（論理和），AND は両方とも真のときのみ真（論理積）に対応する．論理学において，NOT, OR, AND の 3

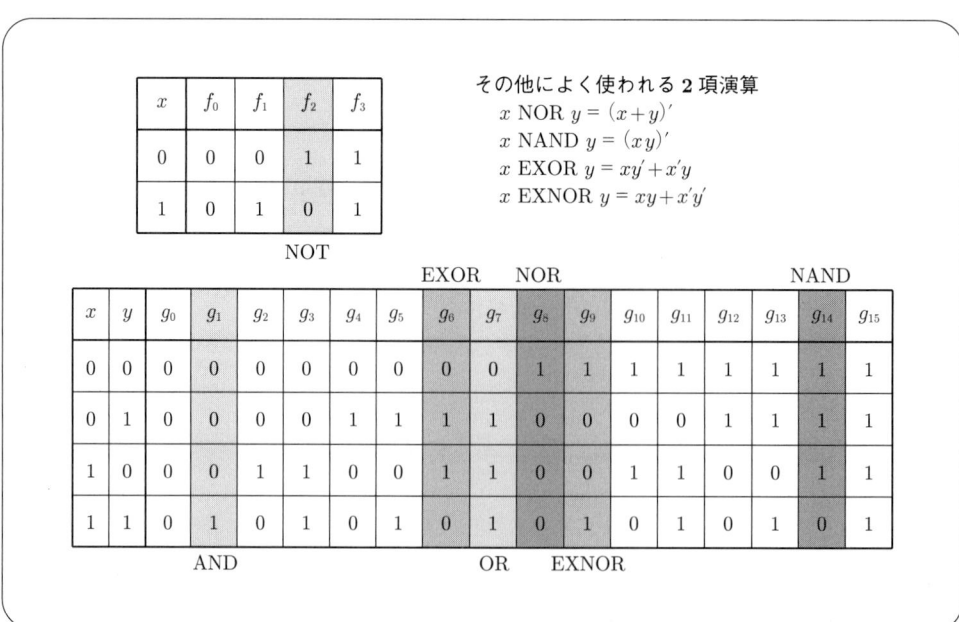

図 2.3　B 上の単項演算と 2 項演算

種の演算があれば，あらゆる論理が構成できるという事実が知られている．これが，この3種類の演算が基本演算として用いられる歴史的な背景である．

図2.3の上段の図を見ると，4種の単項演算の中で，f_0 と f_3 は結果が必ず0か1になる定数演算であり，f_1 は結果が変化しない恒等関数であるので，NOTすなわち f_2 だけが意味をもつ関数である．図2.3の下段に示した2項演算は16種類あるが，ANDとORのほかにも

g_6 (排他的論理和 EXOR: Exclusive OR),

g_8 (NOR),

g_9 (EXNOR: Exclusive NOR),

g_{14} (NAND)

がしばしば利用される．これら16種類の演算は，すべてNOT, OR, ANDの基本演算を組み合わせて表すことができる．例えば，$xg_5y = x' \cdot y$ と表される．

論理代数においては，以下のような性質が成り立つ．

(1) ベキ等律　　$x + x = x,\ x \cdot x = x$

同じ要素どうしのORとANDは元の要素である．

(2) 単位元の存在　　$x + 0 = x,\ x \cdot 1 = x$

ORについては0が，ANDについては1が単位元（演算をほどこしても結果を変えない）となる．

(3) 零元の存在　　$x + 1 = 1,\ x \cdot 0 = 0$

ORについては1が，ANDについては0が零元（演算結果を定数にする）となる．

(4) 結合律　　$x + (y + z) = (x + y) + z,\ x \cdot (y \cdot z) = (x \cdot y) \cdot z$

ORもANDも演算の順番に結果が依存しない．すなわちカッコははずして

$$x + y + z,\quad x \cdot y \cdot z$$

と書いてよい．

(5) 交換律　　$x + y = y + x,\ x \cdot y = y \cdot x$

ORもANDも演算される変数の順番に結果が依存しない．

(6) 相補律　　$x + x' = 1,\ x \cdot x' = 0$

要素とそれを否定した要素の演算結果は，零元となる（逆元の存在）．

(7) 分配律　　$x \cdot (y + z) = x \cdot y + x \cdot z,\ x + y \cdot z = (x + y) \cdot (x + z)$

最初の式は，通常の算術演算と同じである．2番目の式は論理和と論理積が入れ替わっているが成立する．この点は算術演算と異なっている．

(8) 吸収律　　$x + x \cdot y = x,\ x \cdot (x + y) = x$

(9) 復元律　　$(x')' = x$

否定の否定は肯定である．

(10) ド・モルガンの法則　　$(x+y)' = x' \cdot y',\ (x \cdot y)' = x' + y'$

(11) コンセンサス　　$x \cdot y + x' \cdot z + y \cdot z = x \cdot y + x' \cdot z, (x+y) \cdot (x'+z) \cdot (y+z) = (x+y) \cdot (x'+z)$

これらの性質は，x, y, z に 0 と 1 を代入して，すべての可能性を調べて等号が成立することを確認することによって，簡単に検証できる．

☕ 談 話 室 ☕

双対原理　P.13〜14 で示した論理代数の (8) を除く 10 個の性質は，すべて 2 つの式が対になっている．それぞれ一方の + と · を入れ替え，0 と 1 を入れ替えると他方が得られる．このような関係を**双対原理**（principle of dual）という．一般に，論理代数において成立している等式の + と · を入れ替え，0 と 1 を入れ替えて得られる等式も成立する．双対原理が成り立つことは，論理代数の大きな特徴である．

OR，AND，NOT を基本演算として使うのは本質的であろうか？　実は，3 種類をすべて使う必要はない．例えば，ド・モルガンの法則と復元律から $x+y = (x' \cdot y')'$ が導けるので，AND と NOT があれば OR は必要ないことがわかる．双対原理で，$x+y = (x' \cdot y')'$ も成立するので，OR と NOT があれば AND は必要ないともいえる．更に，図 2.3 の g_{14} である NAND を用いれば

$x' = x \text{ NAND } x$

$x + y = (x \text{ NAND } x) \text{ NAND } (y \text{ NAND } y)$

$x \cdot y = (x \text{ NAND } y) \text{ NAND } (x \text{ NAND } y)$

と，NAND だけで OR，AND，NOT を実現できるので，2 項演算 NAND のみで論理代数を構築することもできる．

2.2 論理関数とその表現

論理回路は，**論理関数**（logic function または switching function）を実現する回路である．本節では，論理関数とその表現法を学ぶ．

2.2.1 論理関数

$B^n = \{0,1\}^n$ から $B = \{0,1\}$ への関数を n 変数論理関数と呼ぶ．すなわち，論理関数は

$$f\colon \{0,1\}^n \longrightarrow \{0,1\}$$

として定義される．関数 f の入力は B^n の要素の n 組であり，$f(x_1, x_2, \cdots, x_n)$ と表すこともある．個々の論理関数は，2^n 個の入力に対し，0 または 1 を出力として割り当てることで定義される．5 章で学習する組合せ論理回路の設計法は，与えられた論理関数を計算する論理回路の構成手法である．

n 変数論理関数は，2^n 組の入力変数への値の割当の一つ一つに対し，関数の値（0 または 1）を割り当てることによって決定できる．例えば，図 2.3 の 2 項演算 g_0 から g_{15} は，すべての 2 変数関数を表している．2 変数論理関数は 16 個，3 変数論理関数は 256 個存在し，一般に n 変数論理関数は 2^{2^n} 個存在する．

論理回路を設計するためには，その回路で実現したい論理関数をどのような形式で指定するかが問題である．すなわち，設計者に与える論理関数の仕様をどのように表現するかが重要である．

2.2.2 真理値表

n 変数論理関数は，入力変数の n 組に対する 0 と 1 のすべての割当を並べて，対応する関数の値（0 または 1）を対応させた表（**真理値表**（truth table））で表すことができる．入力は，2 進数の昇順に並べることが多い．図 **2.4** は，$f(x,y,z)$ の真理値表の例である．この場

x	y	z	f
0	0	0	0
0	0	1	0
0	1	0	1
0	1	1	0
1	0	0	1
1	0	1	1
1	1	0	1
1	1	1	0

図 **2.4** 真理値表

合，$f(0,0,0)$ は 0，$f(1,0,0)$ は 1 である．n 変数論理関数の真理値表の大きさ（行数）は，2^n となるので，4 変数で 16 行，5 変数で 32 行，10 変数では 1 024 行となる．変数が大きな場合には，真理値表を用いた論理関数の表現は難しくなる．

2.2.3　論理式

論理代数で定義された演算 NOT，OR，AND を用いて，式の形で論理関数を表現することもできる．

改めて形式的に定義すると論理変数と定数（0 と 1）に $+$，$\cdot$，$'$ を有限回施して得られる式を**論理式**（logical expression または logical formula）という．数学的には，論理式は以下のように帰納的に定義できる．

(1) 論理変数及び定数 0，1 は論理式である．

(2) P と Q を論理式とするとき，$(P)+(Q)$，$(P)\cdot(Q)$，及び $(P)'$ は論理式である．

(3) 上記の (1) と (2) を満たすものだけが論理式である．

2.1.2 項で挙げた性質の等式の左右両辺の式は，それぞれ論理式である．なお，これからの論理式では，AND に対応する $\cdot$ は省略する．

図 2.4 の 3 変数論理関数は，以下の論理式で表現できる．

$$\begin{aligned} f(x,y,z) &= xy' + yz' \\ &= x(y' + yz') + yz' \\ &= x(y' + z') + z'(x + y) \\ &= (x + y)(y' + z') \end{aligned}$$

このように，1 つの論理関数を表す論理式は複数存在する．この中で，いくつかの論理式の形式が，論理回路の設計において重要になる．

論理式の中で論理変数及びその否定を**リテラル**（literal）と呼ぶ．各変数のリテラルをたかだか 1 個しか含まない論理積を**積項**（product term）と呼ぶ．例えば，$x'y$ や $xy'z$ は積項であるが，xyx' や $(x+y)z$ は積項ではない．積項の論理和からなる論理式を**積和論理式**（sum of products）と呼ぶ．図 2.4 の f に対して $xy' + yz'$ は，その積和論理式による表現である．

双対原理で同様に，各変数のリテラルをたかだか 1 個しか含まない論理和を**和項**（sum term）と呼ぶ．また，和項の論理積からなる論理式を**和積論理式**（product of sums）と呼ぶ．$(x+y)(y'+z')$ は，f の和積論理式による表現である．積和論理式と和積論理式は，論理関数の表現として頻繁に用いられる．

各変数のリテラルをすべて含む積項を**最小項**（minterm）と呼ぶ．最小項は，真理値表の各行に対応する．任意の論理関数は，最小項の論理和として表現することができる．例えば，図 2.4 の論理関数 f において最小項 $x'yz'$ は $x=0$, $y=1$, $z=0$ のときまたそのときのみ，1 となる（図 2.4 の 3 行目に対応）．論理関数 f は

$$f = x'yz' + xy'z' + xy'z + xyz'$$

と表すことができる．すなわち，真理値表で関数値が 1 となる行に対応する最小項の論理和の形で表せばよい．このような，最小項の論理和として表した論理式表現を**積和標準形**（canonical sum of products form）と呼ぶ．積和標準形は積項の順序を無視すれば一意に決まる．

双対性の視点からは，同様に**和積標準形**（canonical product of sums form）が定義できる．各変数のリテラルをすべて含む和項を**最大項**（maxterm）と呼ぶ．最大項は，真理値表の各行に対応するが，対応する行に対する関数値が 0 で，その行を除いた他のすべての行が 1 である関数を表している．例えば，$x+y'+z'$ は図 2.4 の 4 行目に対応している．すなわち，$x=0$, $y=1$, $z=1$ のときのみ，最大項 $x+y'+z'$ は 0 となる．

任意の論理関数は最大項の論理積としても表現することができる．例えば，図 2.4 の論理関数 f は

$$f = (x+y+z)(x+y+z')(x+y'+z')(x'+y'+z')$$

と表すことができる．すなわち，真理値表で関数値が 0 となる行に対応する最大項の論理積の形で表せば，和積標準形の表現となる．和積標準形も和項の順序を無視すれば一意に決まる．

論理回路の設計の中では，論理関数を論理式で表現して，それをもとに論理回路を構成することが多い．できるだけ短い式で関数を表すことが，単純で高性能な回路を構成することにつながることが多い．論理式を短くするためには，2.1.2 項で示した 11 種類の性質が利用できる．

図 2.5 の真理値表で表される 4 変数論理関数 g を考えよう．16 行の真理値表は関数の値が 1 の行が 11 個あるから，その積和標準形の表現は

$$\begin{aligned} g = {} & x_1'x_2'x_3x_4' + x_1'x_2'x_3x_4 + x_1'x_2x_3'x_4' + x_1'x_2x_3x_4' + x_1'x_2x_3x_4 + x_1x_2'x_3'x_4 \\ & + x_1x_2'x_3x_4' + x_1x_2'x_3x_4 + x_1x_2x_3'x_4 + x_1x_2x_3x_4' + x_1x_2x_3x_4 \end{aligned} \qquad (2.1)$$

となる．しかし，これをうまく表現すれば

$$g = x_3 + x_1x_4 + x_1'x_2x_4' \qquad (2.2)$$

と 3 つの積項からなる積和形論理式で表現できる．和積標準形は

$$\begin{aligned} g = {} & (x_1+x_2+x_3+x_4)(x_1+x_2+x_3+x_4')(x_1+x_2'+x_3+x_4')(x_1'+x_2+x_3+x_4) \\ & \cdot (x_1'+x_2'+x_3+x_4) \end{aligned} \qquad (2.3)$$

となるが，こちらも

x_1 x_2 x_3 x_4	g
0 0 0 0	0
0 0 0 1	0
0 0 1 0	1
0 0 1 1	1
0 1 0 0	1
0 1 0 1	0
0 1 1 0	1
0 1 1 1	1
1 0 0 0	0
1 0 0 1	1
1 0 1 0	1
1 0 1 1	1
1 1 0 0	0
1 1 0 1	1
1 1 1 0	1
1 1 1 1	1

図 2.5 論理関数 g の真理値表

$$g = (x_1 + x_2 + x_3)(x_1 + x_3 + x_4')(x_1' + x_3 + x_4) \tag{2.4}$$

と，より短い和積形論理式で表せる．どうすれば，式 (2.2) や (2.4) のような短い論理式が得られるのか？ これが 4 章における最大のテーマとなる．

2.2.4　2分決定グラフ

　ある論理関数 f を表現する論理式は，2.2.3 項で見たように複数（実は無限に）存在する．2 つの論理式が与えられたとき，それらが同一の論理関数を表現しているかという問題（論理関数の等価性判定問題と呼ばれる）は，一般的には判定することが難しい問題である．それぞれの論理式を，真理値表または和積（積和）標準形に変形して比較すれば，確実に同一かどうかが判定できるが，このためには，n 変数論理関数に対し最悪 2^n（すなわち真理値表の大きさ）に比例した手間がかかる．これに対し，比較的簡単な手間で等価性判定ができる論理関数の表現として，**2 分決定グラフ**（**BDD**: binary decision diagram）が用いられる．多くの実用的に用いられる論理関数が，2 分決定グラフによって比較的簡単に表現できるので，論理関数を取り扱うプログラムにおいて，論理関数を表現するデータ構造としてよく利

用される．

　図 2.6 に，図 2.5 の論理関数 g に対する基本的な 2 分決定グラフを示す．これは単に，真理値表をグラフの形で表現したもので，上から各節点（論理変数に対応している）の値が 0 であるか 1 であるかに従って枝をたどっていくと，論理関数の値にたどり着くことができる．この 2 分決定グラフ（木）は，通信理論の創設者であるシャノン（C. E. Shannon）によって提案されたシャノン展開

$$f(x_1, x_2, \cdots, x_i, \cdots, x_n) = x_i' f(x_1, x_2, \cdots, 0, \cdots, x_n) + x_i f(x_1, x_2, \cdots, 1, \cdots, x_n)$$

が基本となっている．

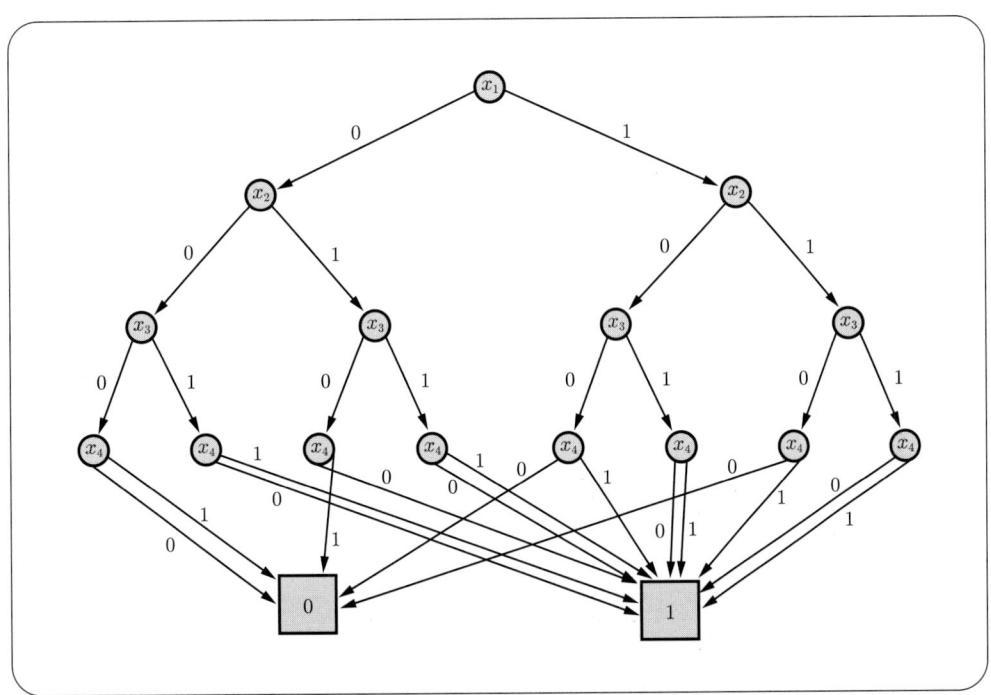

図 2.6　2 分 決 定 グ ラ フ

　この 2 分決定グラフ（木）に対し，以下の操作を可能な限り繰り返して施すと，図 2.7 に示すような単純なグラフが得られる．

　操作 1：等価な節点の統合

　　ある 2 つの節点に対し，それぞれを始点とする部分グラフ（図ではその節点の下の部分）が同じ形のとき，その部分グラフを共有する．

　操作 2：冗長な節点の除去

　　節点 v の 0 枝と 1 枝の指す節点が同じとき，v を除去し，v への入力枝を v から出る枝

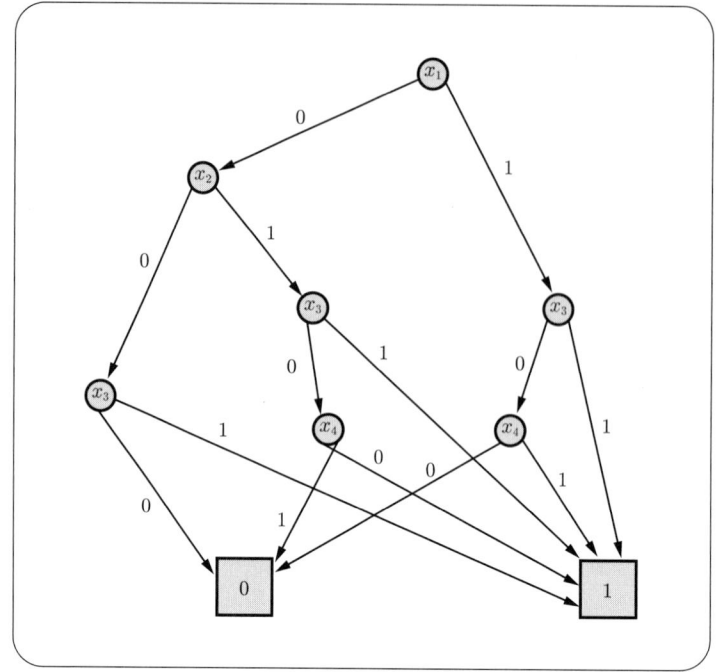

図 2.7 最小化した 2 分決定グラフ

の指す節点に直結する．

これらの操作を，適用できる限り適用して最終的に得られるグラフは，変数の順序を定めると，操作の適用順序に関わらず一意に決まる．このようにして得られるグラフを**最小化順序2分決定グラフ**（**ROBDD**, reduced ordered binary decision diagram）と呼ぶ．

実際の論理回路の設計に現れる多くの論理関数は，変数の順序をうまく設定すると少ない節点の ROBDD で表されることが多いという経験則が知られている．変数の順序の決め方によって，ROBDD の大きさは大きく変わる．関数の各変数に対応する規則性や対称性をうまく利用して，できるだけ接点数が少ない ROBDD を求める手法が研究されているが，一般的な方法は知られていない．論理関数をプログラム上で取り扱う際の優れたデータ構造として，ROBDD は広く用いられている．

☕ 談 話 室 ☕

2分決定グラフから進化したデータ構造　2分決定グラフ（**BDD**）は 1950 年代に提案されていたが，1986 年にブライアント（R. E. Bryant）によって論理関数のデータ構造としての重要性が再発見された．その後，湊　真一（現在，北海道大学）によって，

ZDD（zero-suppressed BDD; ゼロサプレス型 BDD）と呼ばれる進化形が開発され，湊を中心とする日本の研究者によって，論理関数だけでなく集合の表現法等へと発展していった．計算機科学の多くの分野で基本的なデータ構造として幅広く利用されている．

NP 完全問題（NP complete problems） 2つの異なる論理式で表された論理関数が同じ関数であるかどうかを判定する問題は，論理関数を取り扱ううえで基本的な問題である．2つの論理式からそれぞれ真理値表または積和（和積）標準形あるいは2分決定グラフを構成し，それが同じになるかを確認するのが最も基本的な方法であるが，多くの場合，元の論理式の長さに対し，極めて大きな真理値表や標準形またはグラフを構築することが必要となる．

この問題は論理式の等価性判定問題と呼ばれ，計算科学における計算量が爆発的に大きくなる問題の代表とされる．この等価性判定問題を簡単に解けるかどうかは，計算機科学の基本的な多くの未解決問題（NP 完全問題と呼ばれる）が簡単に解けることと等しい意味をもつことが証明されている．詳しくは，計算理論や計算可能性理論の教科書を参照されたい．

論理関数や論理回路に関係する基本的な問題には，この NP 完全問題に属するものが多く，多くの計算量を必要とする場合が多い．

本章のまとめ

❶ **論理代数** 2つの要素からなる集合 $B = \{0, 1\}$ に対し，B と B 上の単項演算 NOT 及び2つの2項演算 AND と OR によって作られる代数系．

❷ **論理関数** $B^n = \{0, 1\}^n$ から $B = \{0, 1\}$ への関数 $f: \{0, 1\}^n \longrightarrow \{0, 1\}$．

❸ **論理式** 論理変数と定数（0と1）に $+, \cdot, {}'$ を有限回施して得られる式．広く用いられる論理関数の表現．

❹ **2分決定グラフ** グラフの形による論理関数の表現．変数順序を決めた最小化順序2分決定グラフは，各論理関数に対し一意に決まる．プログラムなどで論理関数を表現するときに用いられる表現．

●理解度の確認●

問 2.1 2.1.2 項で示した論理代数の 11 個の性質が成立することを証明せよ．

問 2.2 n 変数論理関数が 2^{2^n} 個存在することを証明せよ．

問 2.3 図 2.8 の真理値表で表される 3 つの論理関数を，和積標準形，積和標準形，2 分決定木でそれぞれ表現せよ．

x y z	f_1	f_2	f_3
0 0 0	0	1	0
0 0 1	1	0	1
0 1 0	1	0	1
0 1 1	1	0	0
1 0 0	0	1	1
1 0 1	0	1	0
1 1 0	1	0	0
1 1 1	1	0	1

図 2.8

3 論理素子

　論理回路は，論理関数をシリコンなどの半導体トランジスタを用いた物理的な素子によって実現したものである．論理関数の基本演算に対応する素子として，論理素子が使われる．ここでは 1970 年代以降，多くの論理回路の基本素子として利用されている，CMOS トランジスタによる論理素子の構成と動作原理を学ぶ．

3.1 MOSトランジスタとCMOS回路

論理回路は，半導体トランジスタを組み合わせて構成される**論理素子**（logic element）によって構成される．現在，主流として用いられている論理素子は，**MOSトランジスタ**（metal oxide semiconductor transistor）を組み合わせて作られる**CMOS**（complementary MOS）として構成される．

MOSトランジスタ（MOSFET: MOS電界効果トランジスタとも呼ばれる）は，シリコン基板上に構成される．図 3.1 に示すように，p形の領域にn形の並行した領域（ソースとドレーン）を埋め込み，その上部に制御のための絶縁層とゲートを構築したnチャネルMOS（図(a)）と，n形の領域にp形の並行した領域（ソースとドレーン）を埋め込み，その上部に制御のための絶縁層とゲートを構築したpチャネルMOS（図(b)）の2種類がある．ソースとドレーンは対称であり，構造は同じである．

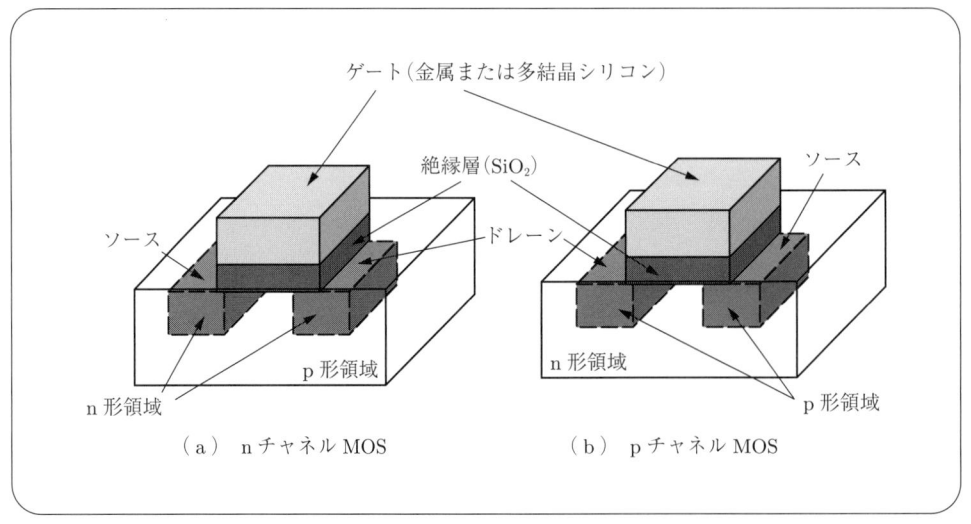

図 3.1 MOSトランジスタの構造

この2種類のトランジスタを組み合わせて，各種の論理関数を電気的に実現する論理素子が構築できる．論理素子においては，各トランジスタはスイッチとして動作し，ゲートにかける電圧によってソースとドレーンの間が電気的に接続した状態（on状態）と切断した状態（off状態）を制御できる．この性質を利用して，トランジスタをスイッチとして用いて各種

の論理関数を物理信号として電圧を利用する回路として実現できる．

図 3.2 に，最も基本的な論理素子である**インバータ**（inverter）の回路図を示す．インバータは，単項演算 NOT を実現する素子である．電源 V_{dd} に正の電圧（実際には 1 V 程度から 5 V 程度の電圧が用いられる）をかける．

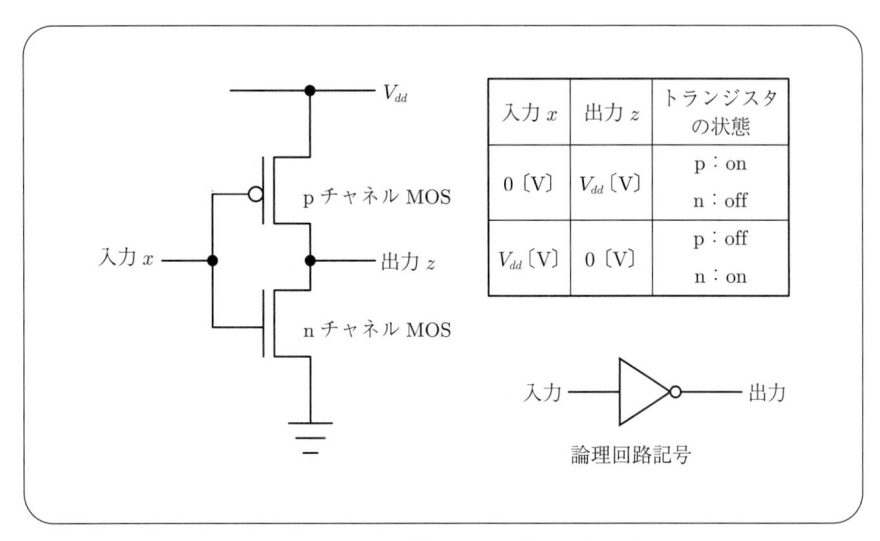

入力 x	出力 z	トランジスタの状態
0 〔V〕	V_{dd} 〔V〕	p：on n：off
V_{dd} 〔V〕	0 〔V〕	p：off n：on

図 3.2　CMOS 論理ゲート（インバータ）

入力端子 x の電圧が 0 V のときは，n チャネル MOS は off 状態，p チャネル MOS は on 状態となり，出力端子 z は電源とつながり電源と同じ電位となる．一方，入力端子 x の電圧が V_{dd} 〔V〕のときは，n チャネル MOS は on 状態，p チャネル MOS は off 状態となり，出力端子 z は接地され 0 V となる．すなわち，入力 x に加えた電圧が反転されて出力されるので，0 V を論理値 0，V_{dd} 〔V〕を論理値 1 とみなすと，NOT を実現する論理素子となっている．

インバータ回路の動作を見ると，n チャネル MOS と p チャネル MOS が相補的（片方が on 状態のときに他方は off）に動作する．このため complementary MOS（相補的 MOS）回路と呼ばれる．

CMOS 回路の動作では，出力端子は電源から接地への直接の電流経路は存在しない．このため，出力が 0 から 1 または 1 から 0 へ変化するスイッチング時に瞬間的に電流が流れる以外は，基本的に電力消費が発生せず，電力消費の小さな回路が構成できる．このことが，数億個のトランジスタからなる大規模な論理回路を 1 平方 cm 程度の小さな面積に集積できる大きな要因となっている．

それぞれのトランジスタが on 状態をとるか off 状態をとるかの変化点となるゲート電位は，トランジスタの特性を変えることにより調節できる．インバータの出力が 0 V から V_{dd}

〔V〕に変化するときの入力電位を，しきい電圧 V_t と呼ぶ．入力電位が 0 V から V_t〔V〕までの間は，出力電圧は V_{dd}〔V〕であり，入力電位が V_t〔V〕以上になると出力電位は 0 V となる．このような原理で，1 章で述べた雑音の影響を排除でき，2 値符号化を用いたディジタルシステムの基本構成要素として，この CMOS インバータが利用できる．

3.2 基本論理素子

MOS トランジスタを組み合わせて，より複雑な論理素子も構成できる．図 3.3 に 2 入力素子の代表として NAND ゲートの回路を示す．n チャネル MOS は直列に接続され，p チャネル MOS は並列に接続されており，入力端子 x と y はそれぞれ n 側，p 側のトランジスタのゲートに接続されている．

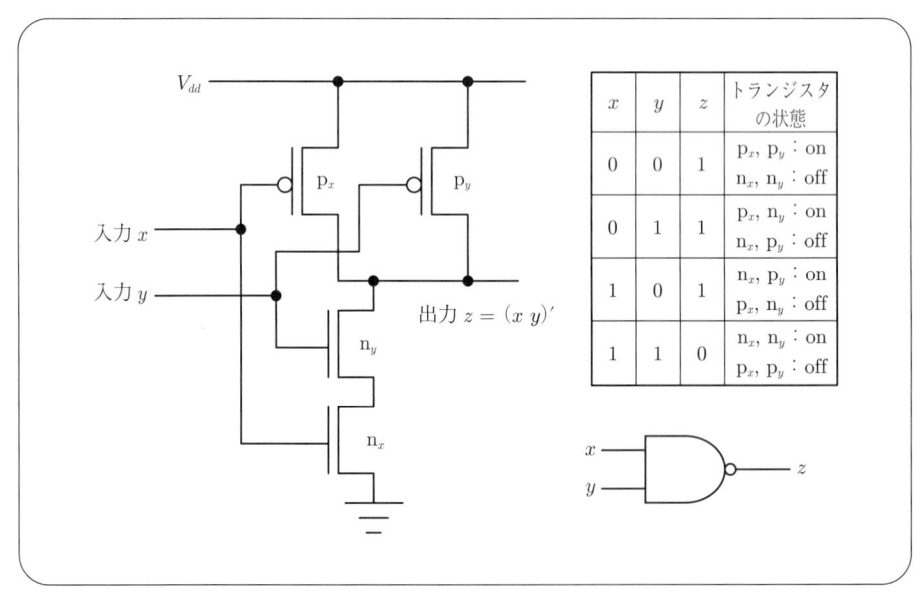

x	y	z	トランジスタの状態
0	0	1	p_x, p_y : on n_x, n_y : off
0	1	1	p_x, n_y : on n_x, p_y : off
1	0	1	n_x, p_y : on p_x, n_y : off
1	1	0	n_x, n_y : on p_x, p_y : off

図 3.3 NAND ゲート

入力 x と y が両方とも V_{dd}〔V〕(すなわち論理値 1) のとき，n 側のトランジスタが両方とも on 状態となり，p 側のトランジスタが両方とも off 状態であるので出力端子 z は接地され，出力は 0 V となる．

それ以外の入力組合せでは，直列に繋がれた n チャネル MOS は一方または両方が off なので，出力端子は接地されない．一方，p 側のトランジスタは並列に接続されているので，少

なくとも一方が on 状態となり，出力端子は電源と繋がって V_{dd} [V] となる．

よって，図 3.3 の表に示すように論理値として見ると，入力 x, y と出力 z の関係は NAND $(z = (xy)')$ を実現していることになる．

図 3.4 に，2 入力の NOR $(z = (x+y)')$ 及び 3 入力 NAND $(z = (xyz)')$ の CMOS 回路を示す．いずれも，出力端子 z から見て，電源側に p チャネル MOS，接地側に n チャネル MOS が配置されている．p チャネル側は NOR であれば直列，NAND であれば並列に接続され，n チャネル側は NOR であれば並列，NAND であれば直列に接続されている．

各入力端子は，それぞれ p チャネル及び n チャネル MOS トランジスタのゲートに接続されている．

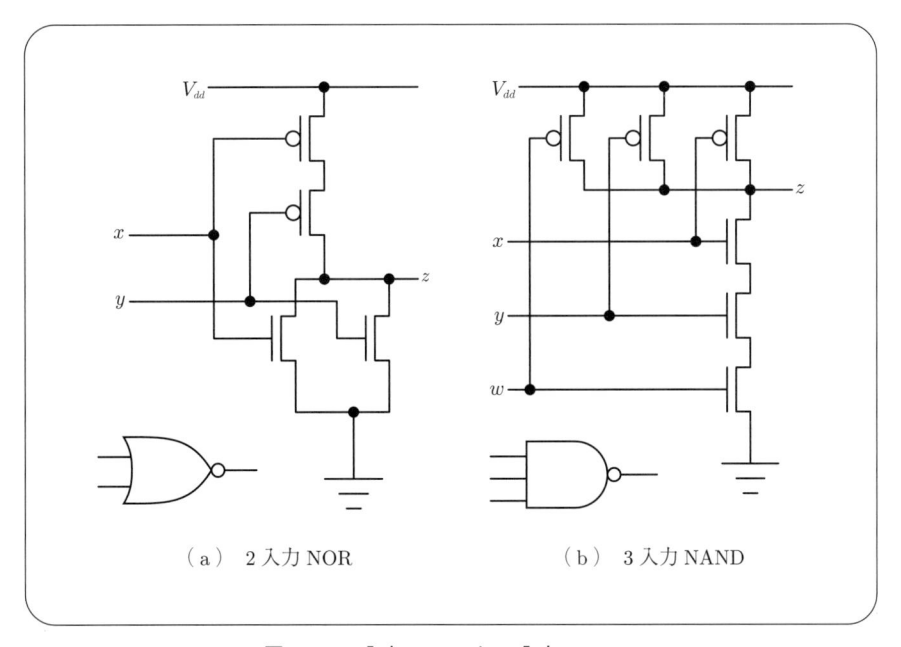

図 3.4　2 入力 NOR と 3 入力 NAND

一般に，図 3.5 に示すような規則に従って，論理式から直接 CMOS 論理回路を構成することができる．

(1) 出力端子の電源側に p チャネル MOS からなる回路，接地側に n チャネル MOS 回路を配置する．
(2) 各入力を，それぞれ対応する p 側と n 側のトランジスタのゲートに接続する．
(3) AND であれば p 側は並列で n 側は直列，OR であれば p 側は直列で n 側は並列に接続する．
(4) 最終出力は否定 (NOT) される．

このような構成規則に従って，p チャネル側の回路と n チャネル側の回路を構成すると，

28   3. 論 理 素 子

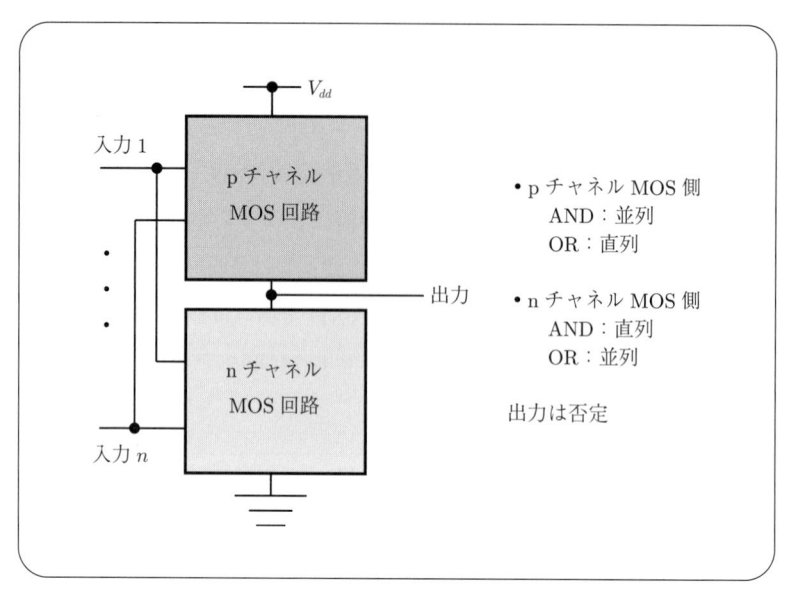

図 3.5 一般的な CMOS 論理回路

・p チャネル MOS 側
　AND：並列
　OR：直列

・n チャネル MOS 側
　AND：直列
　OR：並列

出力は否定

与えられた論理関数を実現する CMOS 論理回路が構成できる．

図 3.6 は，論理式 (3.1) に対応する少し複雑な CMOS 論理回路の例である．

$$z = (((a+b)c) + (de+f))' \tag{3.1}$$

原理的には，このような構成法で，複雑な論理関数を CMOS 論理回路として実現できる．しかし，MOS トランジスタは理想的なスイッチとは違い，on 状態でも完全に抵抗が 0 とはな

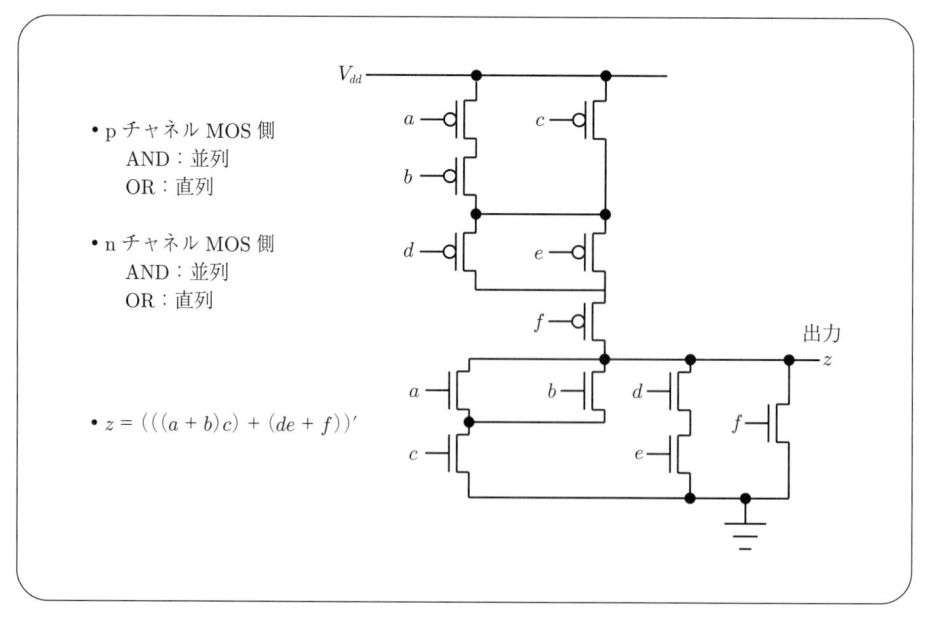

・p チャネル MOS 側
　AND：並列
　OR：直列

・n チャネル MOS 側
　AND：並列
　OR：直列

・$z = (((a+b)c) + (de+f))'$

図 3.6 複雑な CMOS 論理回路の例

らない．このため，トランジスタの直列接続の段数を大きくしすぎるとディジタル回路としての動作の不安定性や動作速度の低下につながるので，実際にはnチャネル側またはpチャネル側で，それぞれ数段（実際は3ないし4段）程度の直列接続しか実用的には利用できない．

1つのCMOS回路で実現できない複雑な論理関数は，CMOS論理回路で構成される基本論理素子（インバータ，NAND，NOR，AND，ORなど）を組み合わせて，**組合せ論理回路**（combinational logic circuit）として実現される．その構成法については5章で学ぶ．

図 **3.7** に基本論理素子の記号を示す．CMOS論理回路の性質から出力は必ず否定される．このため，AND素子やOR素子は，NAND素子やNOR素子の出力にインバータを接続して構成される．

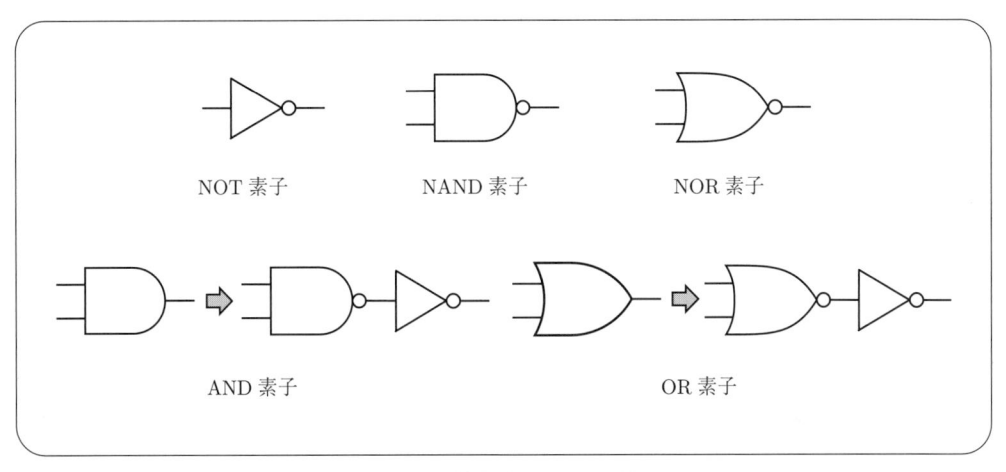

図 **3.7** 基本論理素子の記号

本章のまとめ

❶ **CMOS論理回路** 　pチャネルMOSトランジスタとnチャネルMOSトランジスタを組み合わせて構成される論理回路．

❷ **基本論理素子** 　CMOS論理回路として実現されるインバータ，NAND，NORなどの論理素子．ANDやORは，NANDやNORとインバータを組み合わせて構成される．

●理解度の確認●

問 3.1 図 3.4 の 2 入力 NOR と 3 入力 NAND に対し，図 3.3 のようにすべての入力組合せに対してトランジスタの状態を調べ，それぞれの論理関数が正しく実現されていることを確認せよ．

問 3.2 図 3.6 の回路に対し，すべての入力組合せに対して各トランジスタの状態を調べ，それぞれの論理関数が正しく実現されていることを確認せよ．

問 3.3 以下の論理関数を CMOS 論理回路で実現せよ．
① $((a+b)(c+d))'$
② $((ab+c+de)f)'$

4 論理式の最小化

与えられた論理関数を論理回路として実現するためには，できるだけ簡単な論理式による表現を作ることが求められる．リテラル数が最も小さな積和論理式を作る手法について学習する．

4.1 論理式と論理回路

2.2.3項で扱った関数 g を例として考える（図 **4.1**）．論理関数 g は，積和標準形では

$$g = x_1'x_2'x_3x_4' + x_1'x_2'x_3x_4 + x_1'x_2x_3'x_4' + x_1'x_2x_3x_4' + x_1'x_2x_3x_4 + x_1x_2'x_3'x_4$$
$$+ x_1x_2'x_3x_4' + x_1x_2'x_3x_4 + x_1x_2x_3'x_4 + x_1x_2x_3x_4' + x_1x_2x_3x_4 \tag{4.1}$$

x_1	x_2	x_3	x_4	g
0	0	0	0	0
0	0	0	1	0
0	0	1	0	1
0	0	1	1	1
0	1	0	0	1
0	1	0	1	0
0	1	1	0	1
0	1	1	1	1
1	0	0	0	0
1	0	0	1	1
1	0	1	0	1
1	0	1	1	1
1	1	0	0	0
1	1	0	1	1
1	1	1	0	1
1	1	1	1	1

図 **4.1** 論理関数 g の真理値表

と表される．式 (4.1) に対応する論理回路を作ると，図 **4.2** のようになる．論理関数 g は，積和論理式で

$$g = x_3 + x_1 x_4 + x_1' x_2 x_4' \tag{4.2}$$

あるいは，和積論理式で

$$g = (x_1 + x_2 + x_3)(x_1 + x_3 + x_4')(x_1' + x_3 + x_4) \tag{4.3}$$

とも表せた．式 (4.2) 及び式 (4.3) から論理回路を構成すると，それぞれ図 **4.3** 及び図 **4.4** の

$$g = x_1'x_2'x_3x_4' + x_1'x_2'x_3x_4 + x_1'x_2x_3'x_4' + x_1'x_2x_3x_4' + x_1'x_2x_3x_4 + x_1x_2'x_3'x_4 + x_1x_2'x_3x_4'$$
$$+ x_1x_2'x_3x_4 + x_1x_2x_3'x_4 + x_1x_2x_3x_4' + x_1x_2x_3x_4$$

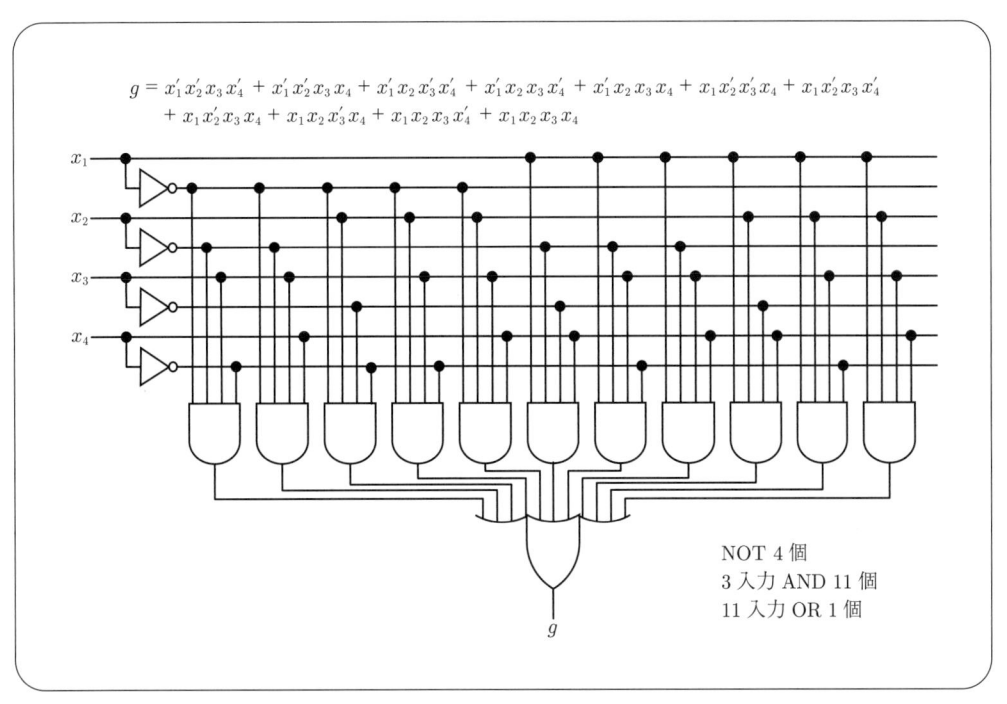

NOT 4 個
3 入力 AND 11 個
11 入力 OR 1 個

図 4.2 式 (4.1) の積和標準形論理式から構成した論理回路

$$g = x_3 + x_1x_4 + x_1'x_2x_4'$$

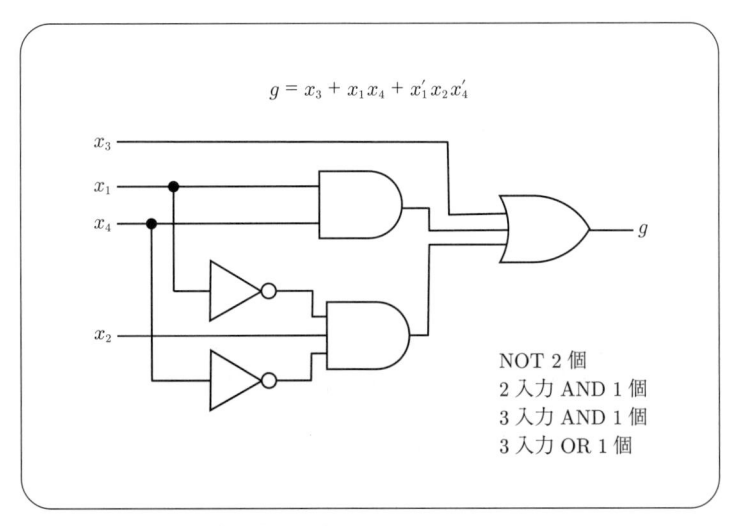

NOT 2 個
2 入力 AND 1 個
3 入力 AND 1 個
3 入力 OR 1 個

図 4.3 式 (4.2) の積和論理式から構成した論理回路

ような回路が得られる．

このように，同じ論理関数に対してもいろいろな論理式表現があり，それぞれの表現から得られる回路は，その形状や回路の複雑さが大きく異なってくる．それでは，どのような回路が「良い回路」であろうか？　例えば，使われるトランジスタの数が少ない回路や接続する線の数が少ない回路は，少ない材料で作れるために安価な回路になると考えられる．ある

34　　4. 論理式の最小化

$$g = (x_1 + x_2 + x_3)(x_1 + x_3 + x_4')(x_1' + x_3 + x_4)$$

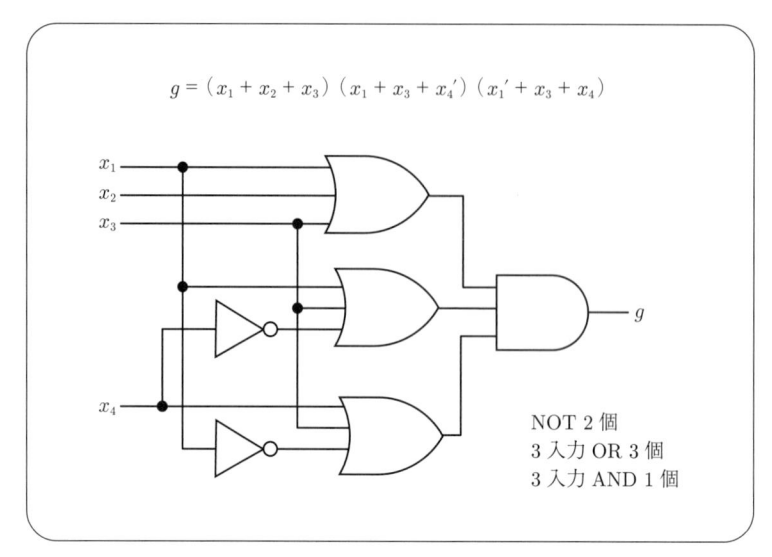

NOT 2 個
3 入力 OR 3 個
3 入力 AND 1 個

図 4.4　式 (4.3) の和積論理式から構成した論理回路

いは，できるだけ高速に動作する回路や消費電力が小さくなる回路も「良い回路」の条件となり得るだろう．

3 章で学んだ CMOS 論理回路のインバータ，AND 素子，OR 素子を使うと仮定すると，インバータはトランジスタが 2 個，n 入力 AND 素子と n 入力 OR 素子はトランジスタが $2n+2$ 個となる．図 4.2 の回路はトランジスタが 120 個（実際は 11 入力の OR 素子は作れないのでもう少しトランジスタ数は増える），図 4.3 と図 4.4 の回路ではそれぞれ，26 個と 36 個のトランジスタで構成できる．

本章では，トランジスタ数が小さな回路を構成するために，式 (4.2) のようなリテラル数（式の中に現れる変数の数）が最小になる積和表現の求め方を学ぶ．

4.2　幾何学的表現とカルノー図

真理値表や積和標準形から，どのようにしたら式 (4.2) のような簡単な論理式が得られるだろうか？　2.2.1 項で定義したように n 変数論理関数は，B の n 次元空間である．B^n から B への関数であった．ここで，式 (4.2) の 4 変数の論理関数 g を幾何学的に見てみよう．

図 4.5 に示すように，変数 x_1 に対して横の軸（黒の実線），変数 x_2 に対して縦軸（黒の一点鎖線），変数 x_3 に対して斜めの軸（黒の破線），そして変数 x_4 に対してもう一つの斜め

4.2 幾何学的表現とカルノー図

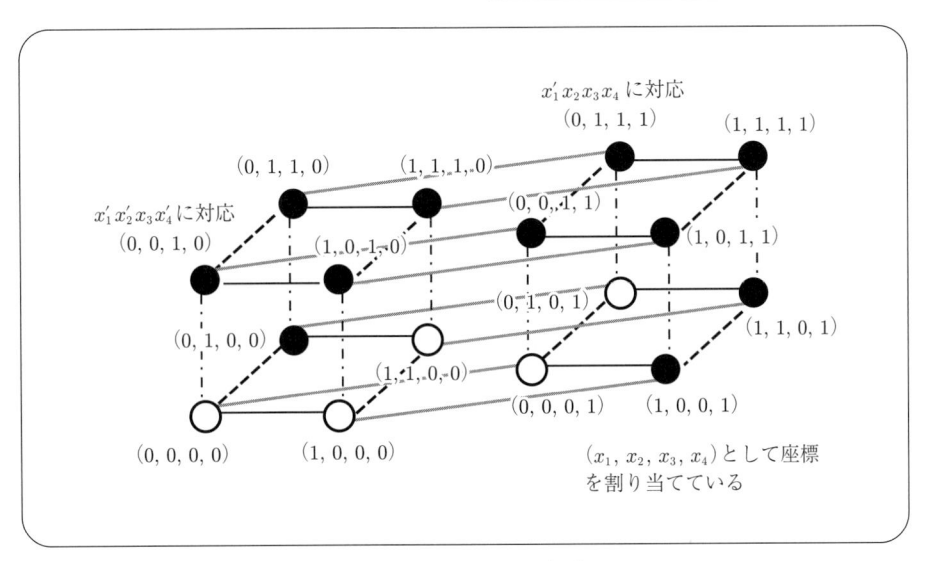

図 4.5 4 変数論理関数の幾何学的表現

の軸（アミの実線）を割り当てた 4 次元の空間を考えてみよう．

図 4.1 の真理値表の各行は，それぞれこの 4 次元空間の点に対応している．式 (4.1) の論理関数の最小項に対応する点を図では黒丸で表してある．最小項に対応しない点は白丸のままである．自分で各積項（最小項）と点の対応を確認してみよう．例えば，積項 $x_1' x_2' x_3 x_4'$ は，$(0,0,1,0)$ という点に対応し，積項 $x_1' x_2 x_3 x_4$ は，点 $(0,1,1,1)$ に対応している．リテラルが否定であれば 0，肯定であれば 1 と考えれば点の座標と最小項は 1 対 1 に対応する．

一般に，n 変数論理関数は n 次元の超立方体で表され，真理値表の各行がその頂点に 1 対 1 に対応し，積和標準形の積項（最小項）は黒丸で，最小項でない行に対応する点は白丸で表される．図 4.5 は，論理関数 g の 4 次元超立方体による幾何学的な表現である．

式 (4.2) の積項は，幾何学的にはどのように表されているであろうか？ 図 4.6 に式 (4.2) の積項の幾何学的な表現を示している．3 つのリテラルを含む積項 $x_1' x_2 x_4'$ は，図の中の 4 次元立方体の辺として表される．実際，この辺の両端の点は，$x_1' x_2 x_3' x_4'$ と $x_1' x_2 x_3 x_4'$ に対応しており，この辺は

$$x_1' x_2 x_4' = x_1' x_2 x_3' x_4' + x_1' x_2 x_3 x_4' \tag{4.4}$$

という関係に対応している．2 つのリテラルを含む積項 $x_1 x_4$ は，図では 4 次元立方体中の面（アミをかけた面）として表現される．積項 $x_1 x_4$ の面を形成する 4 つの点は，それぞれ $x_1 x_2 x_3 x_4$, $x_1 x_2' x_3 x_4$, $x_1 x_2 x_3' x_4$, $x_1 x_2' x_3' x_4$, に対応する点であり

$$x_1 x_4 = x_1 x_2 x_3 x_4 + x_1 x_2' x_3 x_4 + x_1 x_2 x_3' x_4 + x_1 x_2' x_3' x_4 \tag{4.5}$$

という関係に対応している．最後に積項 x_3 は，4 次元立方体中の 3 次元立方体（破線で表示している）に対応している．この立方体の頂点を形成する 8 つの点は，すべて g の最小項と対

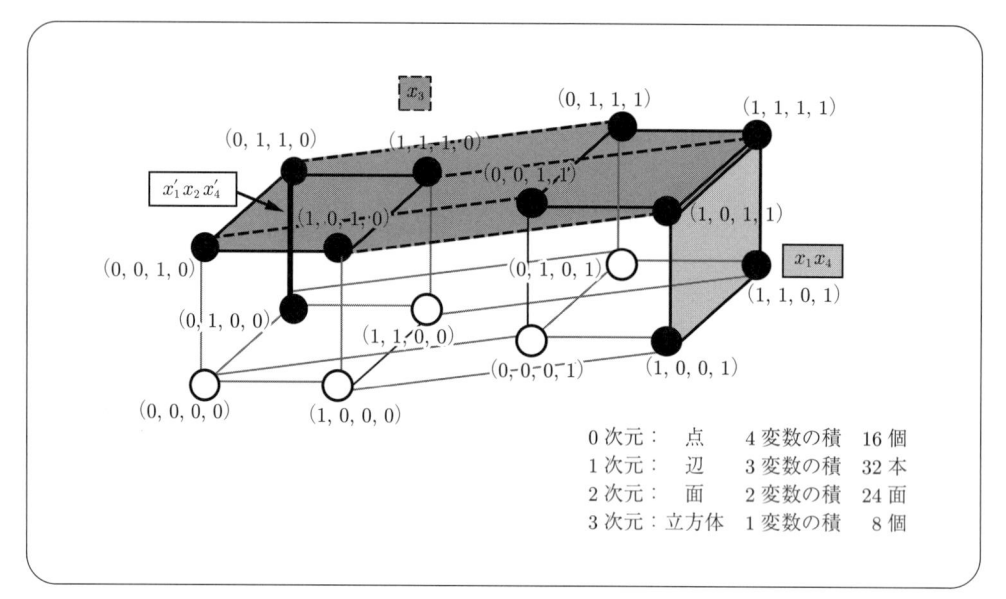

図 4.6 積項の幾何学的表現

応している．具体的には，$x_1' x_2' x_3 x_4'$, $x_1' x_2' x_3 x_4$, $x_1' x_2 x_3 x_4'$, $x_1' x_2 x_3 x_4$, $x_1 x_2' x_3 x_4'$, $x_1 x_2' x_3 x_4$, $x_1 x_2 x_3 x_4'$, $x_1 x_2 x_3 x_4$ に対応するそれぞれの点である．これも

$$x_3 = x_1' x_2' x_3 x_4' + x_1' x_2' x_3 x_4 + x_1' x_2 x_3 x_4' + x_1' x_2 x_3 x_4 + x_1 x_2' x_3 x_4'$$
$$+ x_1 x_2' x_3 x_4 + x_1 x_2 x_3 x_4' + x_1 x_2 x_3 x_4 \tag{4.6}$$

という関係に対応している．すなわち，式 (4.1) は式 (4.4)〜(4.6) の関係を利用して，式 (4.2) へと変換されていると考えることができる．

図 4.6 からわかるように，4 変数を含む積項は点に対応し，最小項の数と同じ 16 個存在する．3 変数を含む積項は超立方体の各辺（32 本存在する）に対応する．2 変数からなる積項は超立方体の面に対応し，24 個存在する．1 変数からなる積項は超立方体中の 3 次元立方体に対応し，8 個存在する．

4 変数関数が 4 次元空間で表されたように，2 変数関数は 2 次元空間，3 変数関数は 3 次元空間で表される．これらの幾何学的な表現を簡易的に 2 次元の図で表す方法として，カルノー図が用いられる．カルノー図の各欄は最小項に対応し，隣接する欄どうしが幾何学的表現の隣接関係を保存するように工夫されている．

図 4.7 に，2 変数と 3 変数の論理関数に対する幾何学的表現とカルノー図を示す．図 (a) の 2 変数関数については，縦横それぞれ接続している頂点に対応する欄が隣り合っている．図 (b) の 3 変数の場合も，立方体の辺でつながっている頂点に対応する欄が縦横に隣接している．

例えば，頂点 5 は頂点 1, 4, 7 と辺でつながっているが，カルノー図でも上下左右で隣接

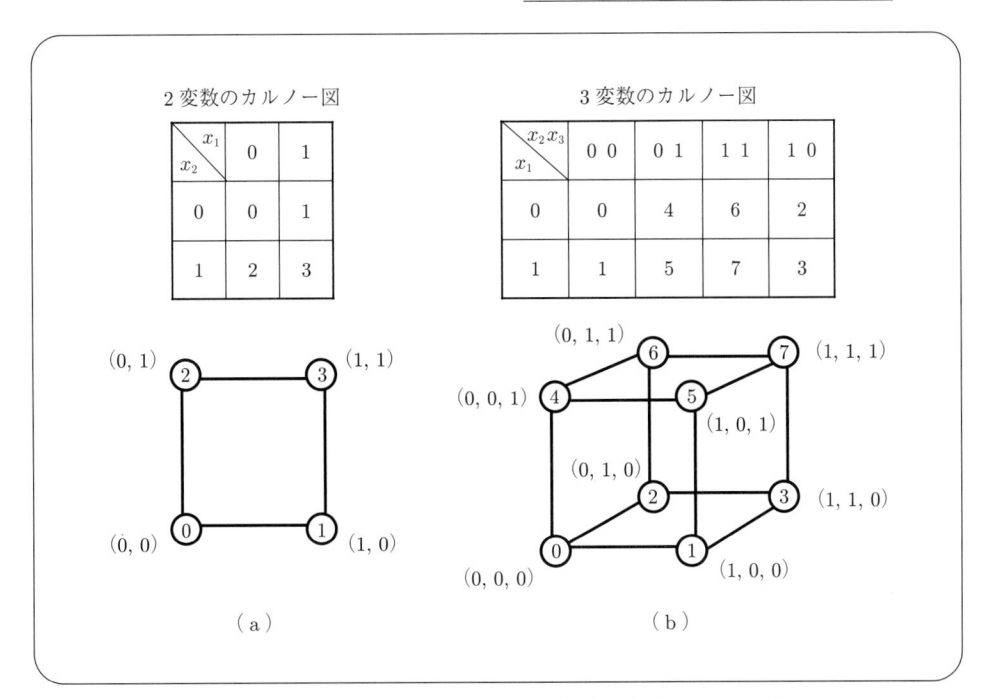

図 4.7 2変数と3変数論理関数の幾何学的表現とカルノー図

している．頂点 0 は頂点 1, 2, 4 と辺でつながっているが，カルノー図では欄 1 と 4 とは隣接しているが，2 とは隣接していない．これは，3 次元を無理に 2 次元に展開したために起こったことであるが，欄 0 の左側が欄 2 の右側につながっていると考えると，辺でつながった頂点どうしがすべて隣接していることになる．ここで図 4.7 の各頂点の番号は，真理値表の各行を 2 進数と見なした数の 10 進数表現となっていることに注意しよう．

4 変数関数のカルノー図は，かなり複雑になる．4 次元空間を展開して 2 次元にしているためである．図 4.8 に，4 変数論理関数の幾何学的表現の頂点とカルノー図の欄の対応関係を示す．頂点 7 は，頂点 3, 5, 6, 15 と辺でつながっているが，カルノー図上でも欄 7 は，3, 5, 6, 15 の欄と縦横で隣接している．この場合も，各頂点の番号は，真理値表の各行を 2 進数として見た数の 10 進数表現としている．

いちばん左端の列（欄 0, 2, 3, 1）はいちばん右端の列（欄 8, 10, 11, 9）と隣接しており，いちばん上の行（欄 0, 4, 12, 8）は，いちばん下の行（欄 1, 5, 13, 9）と隣接していると考える．例えば頂点 9 は，頂点 1, 8, 11, 13 と辺で結ばれているが，カルノー図上でも欄 9 は，欄 1, 8, 11, 13 と隣接している．

図 4.9 に，式 (4.1) の論理関数 g に対するカルノー図を示す．カルノー図の各欄は幾何学的表現の頂点に対応しており，積和標準形の最小項に対応している．積和標準形に含まれる最小項に対応する欄を 1 とし，それ以外の欄を 0 とする．すなわち，図 4.1 の真理値表と図

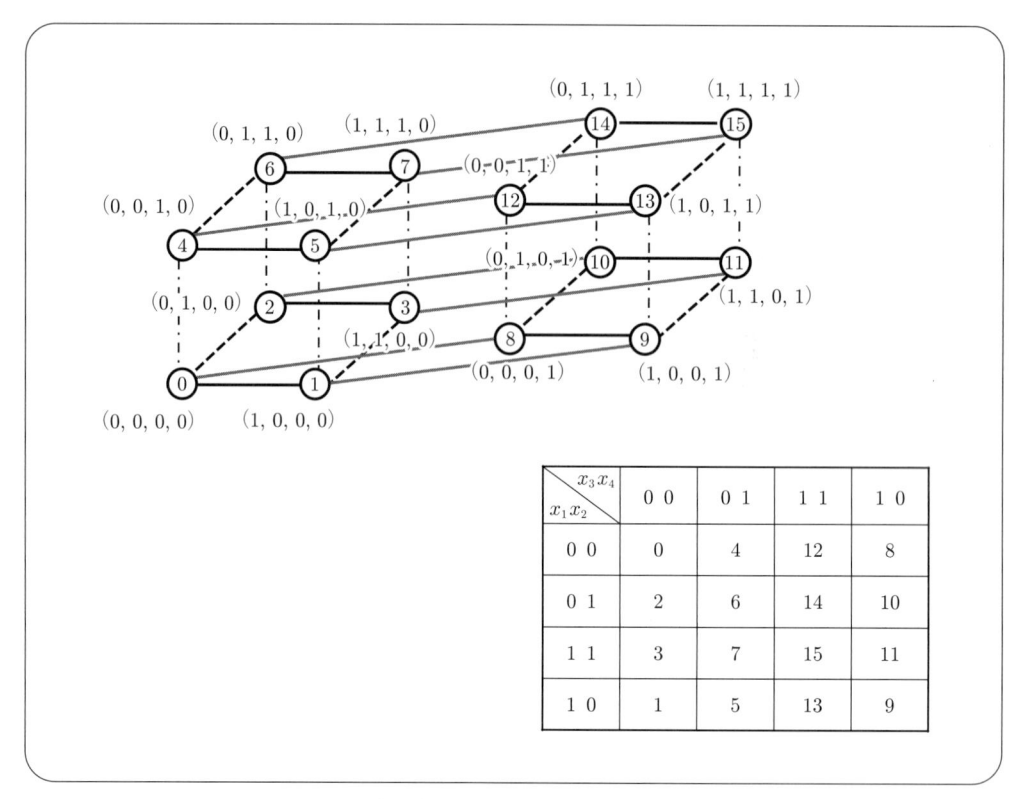

図 4.8　4 変数論理関数の幾何学的表現とカルノー図

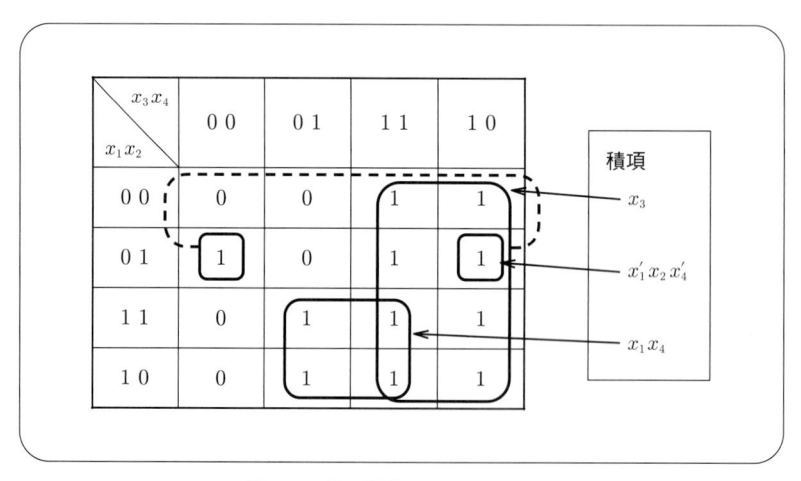

図 4.9　論理関数 g のカルノー図

4.9 のカルノー図は，表の欄の並べ方が違うだけで同じものである．

ただ，カルノー図では，幾何学的表現における積項と辺や面等の対応関係が保存されている．3 変数の積項は，超立方体の辺に対応したが，カルノー図ではそれが隣接した 2 つの欄となっている．また，面に対応する 2 変数の積項や立方体に対応する 1 変数の積項も，4 つ

の点を共有する4つの辺，あるいは8つの点を共有する12個の辺から構成されるので，カルノー図上でも4個または8個の固まった欄に対応する．

具体的に式 (4.2) の3つの積項は，図 4.9 では積項 $x_1' x_2 x_4'$ は図 4.8 の欄 2 と 10 からなる辺，積項 $x_1 x_4$ は欄 5, 7, 13, 15 からなる面，積項 x_3 は欄 8, 9, 10, 11, 12, 13, 14, 15 からなる立方体として表される．このように，カルノー図を使うと式 (4.2) の表現を 2 次元の図によって視覚的に簡単に見つけることができる．

4.3 カルノー図を用いた論理式の最小化

任意の論理関数は積和論理式で表現できることは，2章で学んだ．しかも，1つの論理関数を表現する積和論理式は複数存在する．例えば，図 4.1 の真理値表で与えられる 4 変数論理関数 g は

$$g = x_1' x_2' x_3 x_4' + x_1' x_2' x_3 x_4 + x_1' x_2 x_3' x_4' + x_1' x_2 x_3 x_4' + x_1' x_2 x_3 x_4 + x_1 x_2' x_3' x_4$$
$$+ x_1 x_2' x_3 x_4' + x_1 x_2' x_3 x_4 + x_1 x_2 x_3' x_4 + x_1 x_2 x_3 x_4' + x_1 x_2 x_3 x_4$$
$$= x_3 x_4' + x_1 x_4 + x_1' x_3 x_4 + x_1' x_2 x_4'$$
$$= x_3 + x_1 x_3' x_4 + x_1' x_2 x_3' x_4'$$
$$= x_3 + x_1 x_4 + x_1' x_2 x_4' \tag{4.7}$$

最初の式は 11 項 44 リテラル，2番目の式は 4 項 10 リテラル，3番目は 3 項 8 リテラル，最後の式は 3 項 6 リテラルで表される．できるだけ効率よく論理回路を構成するためには，できるだけリテラル数の少ない積和表現を見つけたい．ここでは，与えられた真理値表から，最もリテラル数の少ない積和表現を見つける手法について学ぶ．

論理関数を表現する積和論理式で，積項数が最小の式の中でリテラル数が最小のものを，最小積和表現あるいは最簡積和表現という．論理関数 g については，式 (4.7) の最後に示した 3 項 6 リテラルで表した式 (4.2) の表現が最小積和表現である．論理関数によっては最小積和表現が複数存在するものもある．

前出の図 4.9 で考えよう．カルノー図中の 1 の欄は，必ずどれかの積項に含まれる必要がある．最小項は 1 つの欄に対応するが，4 つのリテラルを必要とする．隣り合う 2 つの欄が 1 であれば，それらをまとめて 3 リテラルの積項 1 つで表すことができる．4 つの 1 が正方形または 1 列（または行）にまとまっていれば，2 リテラルの積項 1 つで表すことができる．

8つの1が2行または2列に固まっていれば，1リテラルの積項1つで表せる．すなわち，できるだけ大きな1の固まり（幾何学的表現の辺，面，立方体に対応するもの）を見つけてそれらでカルノー図上のすべての1を覆うことができれば，それが最小積和表現となる．この場合，1の欄が複数の積項に共有されることは問題ない．

この操作を厳密に書くと，以下のようになる．

(1) 真理値表からカルノー図を構成する．

(2) カルノー図中のすべての1の欄（最小項）に対し，それを覆う1の欄だけからなるできるだけ多くの1を含む積項を探す．このような積項を主項と呼ぶ．厳密には，主項とは関数に包含される積項（積項の欄がすべて1である）で，他の積項に包含されないものである．

(3) 得られた主項の集合の中から，すべての最小項を覆う最も数の少ない主項の組合せを選ぶ．

(4) 得られた主項から最小積和表現を作る．

図 4.9 の場合，欄 2 を含む主項は欄 2 と欄 10 からなる積項 $x_1' x_2 x_4'$ だけである．すなわち，欄 2 を覆うためにはこの主項は必ず必要である．欄 5 あるいは欄 7 を含む主項は，積項 $x_1 x_4$ だけである．一方，欄 10，13，15 は複数の主項に含まれている（欄の番号は図 4.8 のカルノー図の欄の番号である）．

別の関数を例に見てみよう．図 4.10 の論理関数 f を考える．図 4.11 に論理関数 f のカルノー図を示す．主項は，$x_1' x_3$（主項1），$x_2' x_4'$（主項2），$x_1' x_2 x_4$（主項3），$x_1 x_2 x_3'$（主項4），$x_2 x_3' x_4$（主項5），$x_1 x_3' x_4'$（主項6）の6つの積項である．

最小項の多くが2つ以上の主項に含まれていることに注目してほしい．このうち，欄 10 と 12 は主項 1 のみに含まれる（図 4.8 参照）．また欄 0 と欄 9 も主項 2 のみに含まれる．よって，主項 1 と主項 2 は，必ず最小積和表現に含まれなければならない．なぜなら，これら 4 つの欄を含むためにはこの 2 つの主項が必要であるからである．このように，他の主項に含まれない 1 の欄を含む主項を必須主項と呼ぶ．

残りの主項で，2つの必須主項に含まれない1の欄を覆うためには，最低 2 つの主項が必要となる．その組合せは，主項 3 と主項 4，主項 5 と主項 6，あるいは主項 4 と主項 5 である．すなわち，関数の最小積和表現は

$$f = x_1' x_3 + x_2' x_4' + x_1' x_2 x_4 + x_1 x_2 x_3'$$
$$= x_1' x_3 + x_2' x_4' + x_1 x_3' x_4' + x_2 x_3' x_4$$
$$= x_1' x_3 + x_2' x_4' + x_1 x_2 x_3' + x_2 x_3' x_4$$

と，3種類存在する．

4.3 カルノー図を用いた論理式の最小化

x_1 x_2 x_3 x_4	f
0 0 0 0	1
0 0 0 1	0
0 0 1 0	1
0 0 1 1	1
0 1 0 0	0
0 1 0 1	1
0 1 1 0	1
0 1 1 1	1
1 0 0 0	1
1 0 0 1	0
1 0 1 0	1
1 0 1 1	0
1 1 0 0	1
1 1 0 1	1
1 1 1 0	0
1 1 1 1	0

図 4.10 論理関数 f の真理値表

$x_1 x_2$ \ $x_3 x_4$	0 0	0 1	1 1	1 0
0 0	1	0	1	1
0 1	0	1	1	1
1 1	1	1	0	0
1 0	1	0	0	1

主項

$x_1' x_3$ 必須主項 1
$x_2' x_4'$ 必須主項 2
$x_1' x_2 x_4$ 主項 3
$x_1 x_2 x_3'$ 主項 4
$x_2 x_3' x_4$ 主項 5
$x_1 x_3' x_4'$ 主項 6

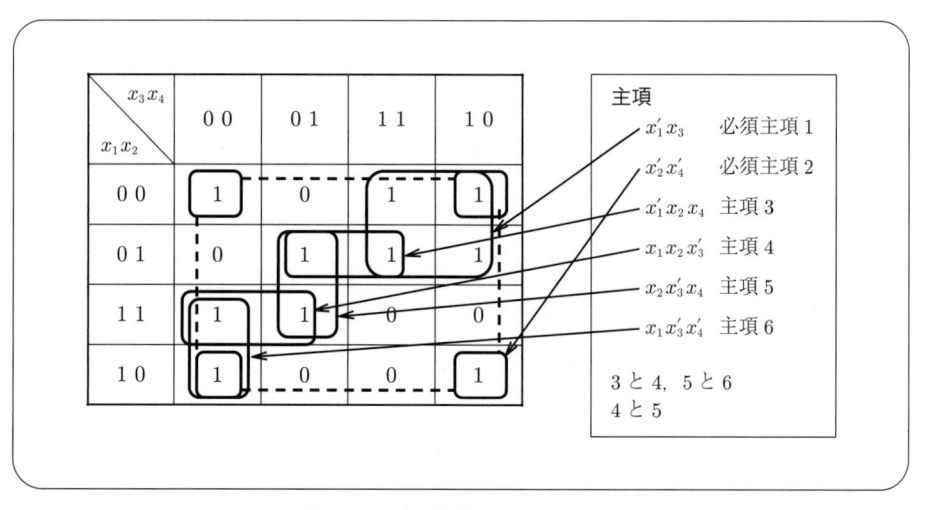

3 と 4, 5 と 6
4 と 5

図 4.11 論理関数 f のカルノー図

このように，主項を求めた後で

(5) 必須主項をすべて採用する．
(6) 必須主項で覆われない最小項を覆うために必要な主項の組合せで，主項の数が最も少ないものを選ぶ．

という操作が必要となる．上記の (1) から (6) の手順に従うと，図 4.10 の論理関数 f に対して下記の式 (4.8)～(4.10) ように

$$f = x_1' x_3 + x_2' x_4' + x_1' x_2 x_4 + x_1 x_2 x_3' \tag{4.8}$$

$$f = x_1' x_3 + x_2' x_4' + x_1 x_3' x_4' + x_2 x_3' x_4 \tag{4.9}$$

$$f = x_1' x_3 + x_2' x_4' + x_1 x_2 x_3' + x_2 x_3' x_4 \tag{4.10}$$

の 3 種類の最小積和形表現をすべて導出することができる．

ここまで学んできたことから，真理値表から最小積和表現を求める手法は次のようになる．

―「最小積和表現を求める手法」―

(1) 真理値表からカルノー図を構成する．
(2) カルノー図中のすべての 1 の欄（最小項）に対し，それを覆う 1 の欄だけからなるできるだけ多くの 1 を含む積項を探す．このような積項を主項と呼ぶ．
(3) 必須主項をすべて採用する．
(4) 必須主項で覆われない最小項を覆うために必要な主項の組合せで，主項の数が最も少ないものを選ぶ．
(5) 得られた主項から最小積和表現を作る．

☕ 談 話 室 ☕

Quine-MaCluskey 法　4.3 節で学んだカルノー図を用いる手順は，4 変数までは幾何学表現との対応もよく，わかりやすい手順であるが，5 変数以上の関数には図が複雑になりすぎて適用が難しくなる．一般的に多変数の論理関数の簡単化に利用できる手法として，Quine-McCluskey 法が知られている．これは

(1) 最小項を組み合わせて，すべての主項を見つける．
(2) 各最小項がいずれかの主項に含まれるような，最も数の少ない主項の集合を見つける．

という手順で行われる．この (1) や (2) の手順をしらみつぶし的な探索で行うと大きな

手数がかかるため，いろいろな工夫でむだな探索を減らす手法が開発されている．これをプログラムとして実現したものが，論理回路の自動設計のプログラムにおいて用いられている．しかし最悪の場合，変数の数 n に対し，その指数関数である 2^n に比例した手数がかかることがある．現在のコンピュータの能力で，30 変数程度の論理関数は最簡形を求めることができる．

不完全指定論理関数 ここまで議論してきた論理関数は，すべての入力の組合せに対して出力の値が定義されてきた．現実の論理回路の設計では，必ずしもすべての入力の組合せに対して出力の値が定義されない場合もある．特に 9 章で学ぶ順序回路の設計では，このような**不完全指定論理関数**（incompletely specified logic function）が現れる場合が多い．例えば，入力の組合せとして起こりえない組合せがあるとき，論理回路の設計者は，起こりえない入力の組合せに対しては都合のよいように出力値を割り当ててよい．図 **4.12** に不完全指定論理関数 h の例を示す．数学的には

x_1 x_2 x_3 x_4	h
0 0 0 0	0
0 0 0 1	0
0 0 1 0	*
0 0 1 1	1
0 1 0 0	0
0 1 0 1	*
0 1 1 0	1
0 1 1 1	1
1 0 0 0	0
1 0 0 1	1
1 0 1 0	1
1 0 1 1	1
1 1 0 0	0
1 1 0 1	1
1 1 1 0	1
1 1 1 1	1

図 **4.12** 不完全指定論理関数

44　4. 論理式の最小化

$$h\colon \{0,1\}^n \longrightarrow \{0,1,*\}$$

と定義できる．ここで $*$ で表しているのは don't care と呼ばれ，その出力の値は 0 でも 1 でも構わないと定義されているものである．すなわち，対応する入力が入らないことがわかっているような場合に生じる．$(0,0,1,0)$ や $(0,1,0,1)$ に対応する出力は，0 と 1 のいずれでも構わないと指定されている．この場合，カルノー図は**図 4.13** のようになり

$$h(0,0,1,0) = 1$$
$$h(0,1,0,1) = 0$$

と解釈すると，$x_3 + x_1 x_4$ と極めて簡単な論理関数となる．

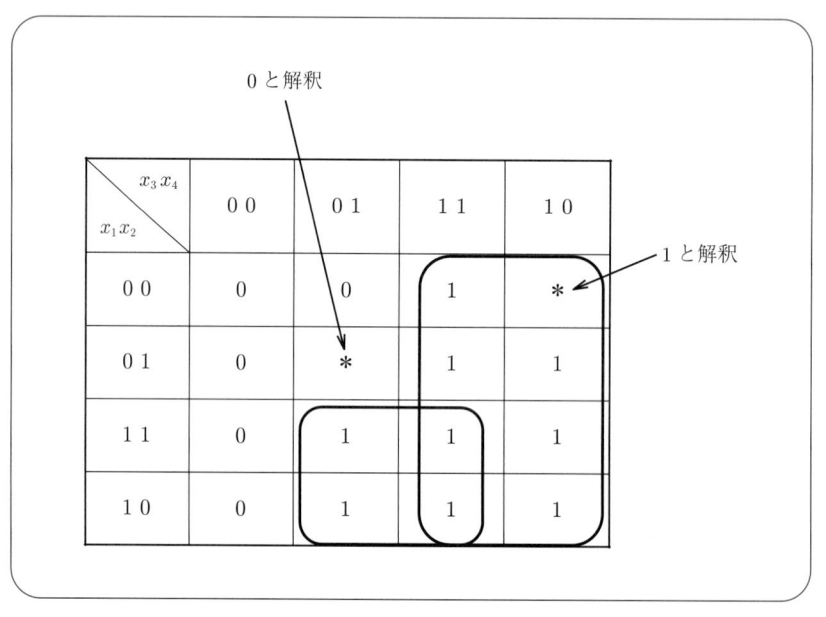

図 4.13　不完全指定論理関数 h のカルノー図

　不完全指定論理関数は，真理値表の $*$ に対応する場所（k 箇所とする）にそれぞれ 0 または 1 を代入した 2^k 個の論理関数の集合を表すと考えてもよい．そして，その集合の中のどの論理関数を実現してもよいことを示していると考えることができる．できるだけ論理関数の表現が簡単になるように，大きな主項がとれるように工夫することで，論理回路の設計は簡単になる．

本章のまとめ

❶ **幾何学的表現**　n 変数論理関数を n 次元空間の超立方体として表現し，論理関数を可視化した表現．積項がその部分超立方体として表現されるので，積和表現の簡単化の意味が直感的にとらえやすい．

❷ **カルノー図**　幾何学表現を 2 次元の表として展開したもの．4 変数関数までは積項を構成する最小項どうしの隣接関係が見やすいが，変数の数が 5 以上になると難しくなる．

❸ **論理関数の簡単化**　論理関数を表現する積和論理式で，積項数が最小の式の中でリテラル数が最小のもの（最小積和表現あるいは最簡積和表現）を求める手順．論理関数を実現する組合せ論理回路の素子数を小さくするためには有効な手段であり，多変数の論理関数に関してはプログラム化されている．しかし，問題自体が NP 完全問題を含むので，変数の数が大きくなると最小積和表現を見つけるための計算量は爆発的に増大する．

●理解度の確認●

問 4.1　図 4.5 の各頂点と式 (4.1) の最小項の対応を確認せよ．

問 4.2　図 4.5 の超立方体中に点が 16 個，辺が 32 個，面が 24 個，立方体が 8 個存在することを確認せよ．

問 4.3　4 変数論理関数に対するカルノー図で，下記の 2 リテラルの積項がどのような形になるかを確認せよ．

$$x'_1 x_2$$

$$x'_1 x_3$$

$$x_1 x'_4$$

$$x_2 x_3$$

$$x'_2 x'_4$$

$$x'_2 x_4$$

$$x'_3 x_4$$

問 4.4 図 4.14 に示す 2 つの 4 変数論理関数 f_1, f_2 の最小積和表現を求めよ．

$x_1\ x_2\ x_3\ x_4$	f_1
0 0 0 0	0
0 0 0 1	0
0 0 1 0	1
0 0 1 1	1
0 1 0 0	0
0 1 0 1	1
0 1 1 0	1
0 1 1 1	1
1 0 0 0	1
1 0 0 1	0
1 0 1 0	1
1 0 1 1	0
1 1 0 0	1
1 1 0 1	1
1 1 1 0	1
1 1 1 1	0

$x_1\ x_2\ x_3\ x_4$	f_2
0 0 0 0	0
0 0 0 1	1
0 0 1 0	1
0 0 1 1	0
0 1 0 0	1
0 1 0 1	0
0 1 1 0	0
0 1 1 1	1
1 0 0 0	1
1 0 0 1	0
1 0 1 0	0
1 0 1 1	1
1 1 0 0	0
1 1 0 1	1
1 1 1 0	1
1 1 1 1	0

図 4.14　4 変数論理関数 f_1, f_2

5 組合せ論理回路の設計

　3章で述べたように，論理式で表された論理関数は，基本論理素子を組み合わせて組合せ論理回路として実現することができる．組合せ論理回路は，基本論理素子からなるフィードバックループをもたない論理回路である．

5.1 論理式からの組合せ論理回路の設計

論理関数を物理的に論理回路として実現するためには，基本論理素子から構成される**組合せ論理回路**（combinational logic circuit）として実現することができる．その手順は，以下のようになる．

(1) 実現したい論理関数を適当な表現で表す．
(2) 4章の手法で論理関数の最小積和表現を求める．
(3) AND-OR 2段回路として回路を設計する．
(4) 利用できる基本論理素子の入力数の制限などを満たすように回路を変換する．

具体的に，次の例を考えてみよう．

例：2桁の2進整数 $A = (a_1, a_0)$，$B = (b_1, b_0)$ を入力とし，算術演算 $3A + 2B = C = (c_3, c_2, c_1, c_0)$ を2進4桁の2進整数として出力する組合せ論理回路を設計せよ．

まず，問題を明確にするために真理値表を作ってみる．入力変数は，a_1, a_0, b_1, b_0 の4変数であり，出力は c_3, c_2, c_1, c_0 の4つである．図 **5.1** に示すように，まず，整数 A, B, C の関係を表にしてそれぞれの整数を2進数で表せば，論理関数の真理値表となる．次に，それぞれの出力変数に対してカルノー図を作り，図 **5.2**～図 **5.5** のように最小積和表現を求める．

$$c_3 = a_1 a_0 + a_1 b_0 + a_1 b_1 + a_0 b_1 b_0$$

A	B	C	$a_1 a_0$	$b_1 b_0$	$c_3 c_2 c_1 c_0$	A	B	C	$a_1 a_0$	$b_1 b_0$	$c_3 c_2 c_1 c_0$
0	0	0	00	00	0000	2	0	6	10	00	0110
0	1	2	00	01	0010	2	1	8	10	01	1000
0	2	4	00	10	0100	2	2	10	10	10	1010
0	3	6	00	11	0110	2	3	12	10	11	1100
1	0	3	01	00	0011	3	0	9	11	00	1001
1	1	5	01	01	0101	3	1	11	11	01	1011
1	2	7	01	10	0111	3	2	13	11	10	1101
1	3	9	01	11	1001	3	3	15	11	11	1111

図 **5.1** 真理値表による問題の定義

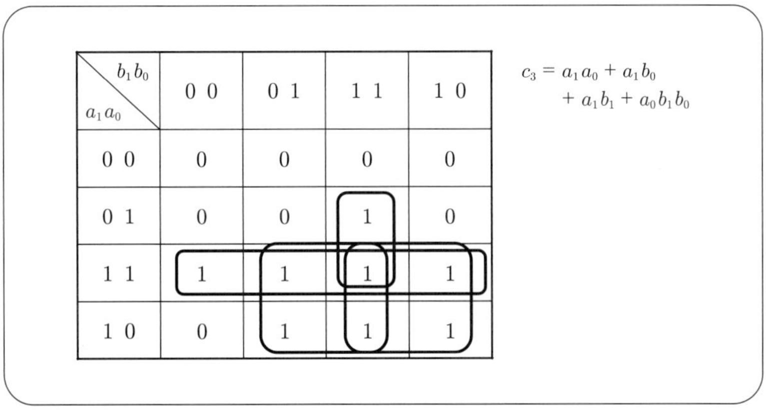

5.1 論理式からの組合せ論理回路の設計　49

a_1a_0 \ b_1b_0	0 0	0 1	1 1	1 0
0 0	0	0	0	0
0 1	0	0	1	0
1 1	1	1	1	1
1 0	0	1	1	1

$c_3 = a_1 a_0 + a_1 b_0$
$\quad + a_1 b_1 + a_0 b_1 b_0$

図 5.2　c_3 のカルノー図と最小積和表現

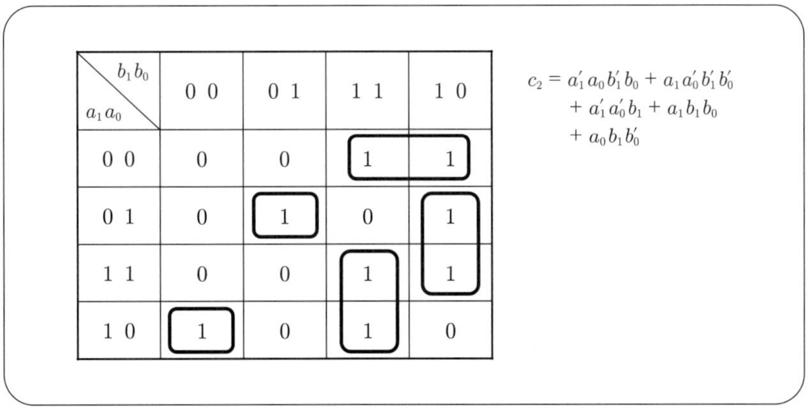

a_1a_0 \ b_1b_0	0 0	0 1	1 1	1 0
0 0	0	0	1	1
0 1	0	1	0	1
1 1	0	0	1	1
1 0	1	0	1	0

$c_2 = a_1' a_0 b_1' b_0 + a_1 a_0' b_1' b_0'$
$\quad + a_1' a_0' b_1 + a_1 b_1 b_0$
$\quad + a_0 b_1 b_0'$

図 5.3　c_2 のカルノー図と最小積和表現

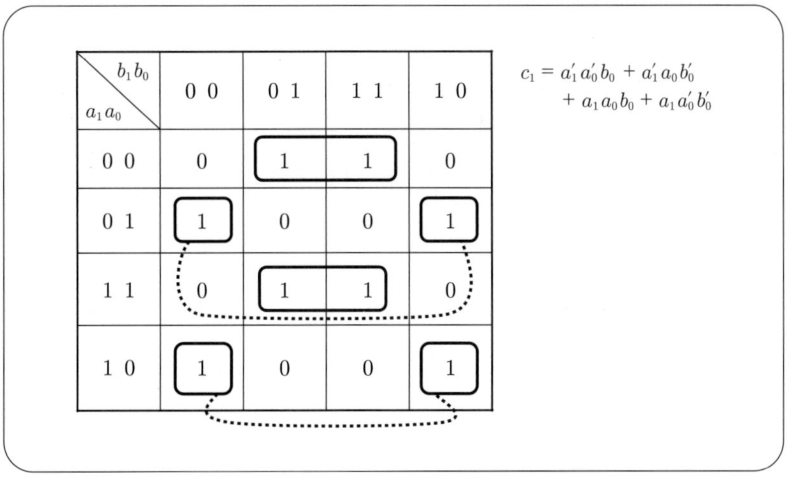

a_1a_0 \ b_1b_0	0 0	0 1	1 1	1 0
0 0	0	1	1	0
0 1	1	0	0	1
1 1	0	1	1	0
1 0	1	0	0	1

$c_1 = a_1' a_0' b_0 + a_1' a_0 b_0'$
$\quad + a_1 a_0 b_0 + a_1 a_0' b_0'$

図 5.4　c_1 のカルノー図と最小積和表現

図 5.5 c_0 のカルノー図と最小積和表現

$$c_2 = a_1' a_0 b_1' b_0 + a_1 a_0' b_1' b_0' + a_1' a_0' b_1 + a_1 b_1 b_0 + a_0 b_1 b_0'$$

$$c_1 = a_1' a_0' b_0 + a_1' a_0 b_0' + a_1 a_0 b_0 + a_1 a_0' b_0'$$

$$c_0 = a_0$$

これらの論理式から，直接 AND-OR 2 段回路として図 5.6 の回路が得られる．

実際の設計では，利用できる論理素子に制限がある．制限の 1 つは素子の入力数である．AND 素子や OR 素子では，図 5.7 のように多段に素子を接続することで，入力数の制限に対応できる．もう 1 つの制限は，3 章で学んだように CMOS 回路が NAND 素子や NOR 素子を基本としていることである．AND 素子や OR 素子を使うと，NAND 素子や NOR 素子の出力に必ず NOT 素子を挿入する必要がある．しかし，ド・モルガンの法則を利用すれば

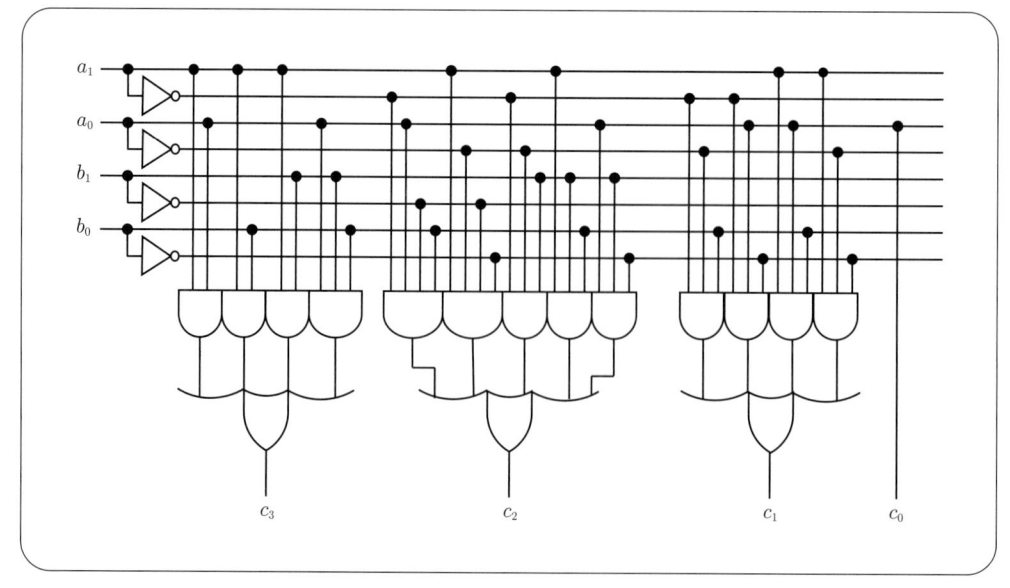

図 5.6 AND-OR 2 段組合せ回路

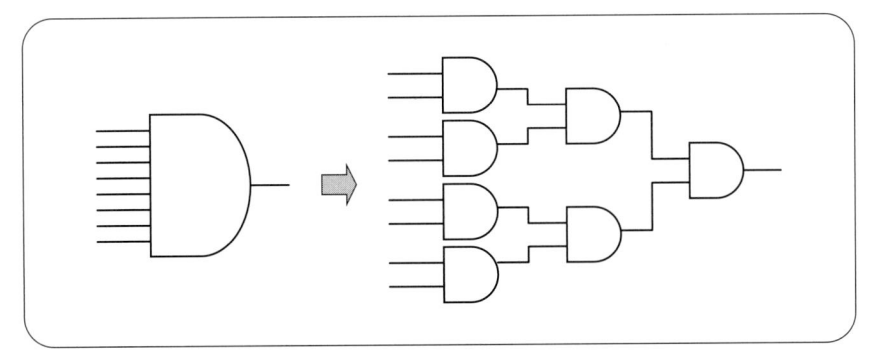

図 5.7　入力数の制限への対応

$$z = ab + cd = ((ab)'(cd)')'$$

が成立するので，図 5.8 (a) のように AND-OR 回路は，図 (b) の NAND 素子の 2 段の回路で実現できる．ただし，NAND 素子や NOR 素子の入力数の制限には単純に図 5.7 のような方法では対応できないので，注意が必要である．

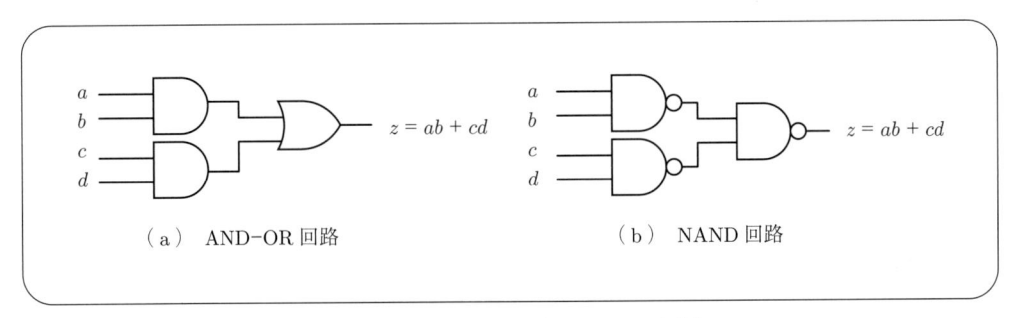

図 5.8　AND-OR 回路と NAND 回路

　実際の論理回路の設計では，論理関数の定義は例のように自然言語で記述されるだけでなく，プログラミング言語のような形式で記述（ハードウェア記述言語と呼ぶ：VHDL, Verilog HDL などが利用されている）されることも多い．ハードウェア記述言語による論理関数の記述から組合せ論理回路へ自動的に変換するプログラムが，論理合成プログラムである．論理合成プログラムに対しては，利用できる論理素子の集合がライブラリとして与えられる．プログラムは，ライブラリの中から利用できる素子を選んで，論理回路を合成する．

　4 章では，できるだけ論理素子の数を少なくするために論理式の最小化について学んだ．工学的に「良い組合せ論理回路」を実現するためには，論理回路の「良さ」の基準を明らかにする必要がある．その基準としては

(1) 回路の規模（素子の数やトランジスタの数，配線の数など）
(2) 回路の動作速度
(3) 回路の消費エネルギー

などが考えられる．

回路規模については 4.1 節でも議論したが，素子の数を小さくすることは重要である．更に，各論理素子はトランジスタから構成されるので，トランジスタの数まで考える必要もある．p.33 の図 4.3 の回路は，NOT 2 個，2 入力 AND 1 個，3 入力 AND 1 個，3 入力 OR 1 個から構成されている．この場合，トランジスタの数は 26 個となる．しかし，図 5.9 に示すように NOT 2 個，2 入力 NAND 1 個，3 入力 NAND 2 個で構成すると，トランジスタ数は 22 個ですむ．このように，素子を構成するトランジスタ数まで考慮して回路規模を小さくする努力が必要である．回路の動作速度や消費電力については，5.2 節，5.3 節で議論する．

$g = x_3 + x_1 x_4 + x_1' x_2 x_4'$

NOT 2 個
2 入力 NAND 1 個
3 入力 NAND 2 個

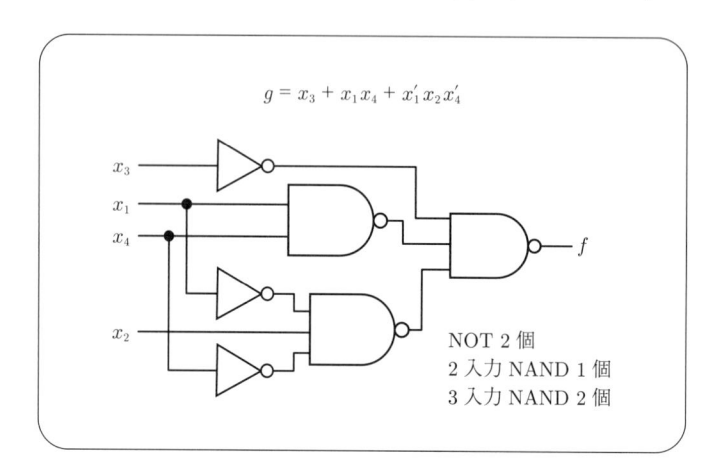

図 5.9　NAND 素子を用いた回路

5.2 組合せ論理回路の遅延時間

組合せ論理回路の入力が変化してその影響が出力に現れるには，ある程度の時間的な遅延を伴う．すなわち，組合せ論理回路の入力が確定し，その入力に対応して組合せ論理回路が実現する論理関数に対応する出力が決まるまでには，時間（回路の**遅延時間**（delay time）と呼ぶ）がかかるということである．

図 5.10 に示すように，入力の各端子から出力に至る経路を構成する論理素子の個々の遅延時間の和として，その経路の遅延時間が決まる．すべての入力から出力に至る経路の遅延時間の中で最大のものが，回路全体の遅延時間となる．各素子の遅延時間が同じ値である場合には，回路の遅延時間は入力から出力に至る経路上の素子数の最大値となる．実際には配線による遅延もあり，近年の集積回路では素子の遅延より配線遅延の方が大きくなっている．

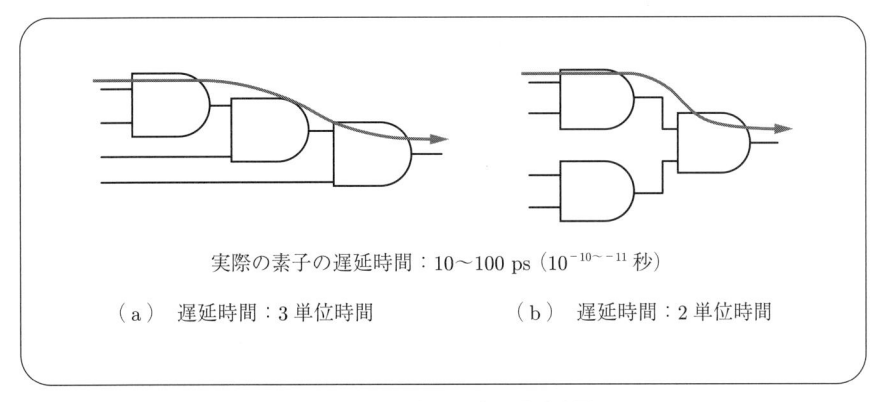

実際の素子の遅延時間：10〜100 ps（10^{-10}〜$^{-11}$ 秒）

（a）遅延時間：3 単位時間　　　　（b）遅延時間：2 単位時間

図 5.10　組合せ回路の遅延時間

また素子の遅延時間は，素子を構成するトランジスタのサイズや回路構造，素子間の配線の長さ，素子に加える電圧など多くの要素によって決まる．

5.3 組合せ論理回路の消費電力

論理回路は，論理関数の計算に伴って電力を消費する．素子の数が数億個を超える現在の集積回路に搭載される組合せ論理回路においては，消費電力による発熱が回路規模を制約する大きな原因となっている．CMOS 論理素子では，素子の出力が変化するときに電力が消費される．すなわち，素子の出力が変化しなければ電力消費はほとんどない．回路を構成する素子の出力の変化が激しいときには，大きな電力が消費される．

図 5.11 でインバータ素子の電力消費の原理を説明する．入力 V_{in} が論理値 0 の場合，p チャネル MOS が on，n チャネル MOS が off であり，出力の配線や次に接続されている素子の MOS トランジスタのゲートを合わせた負荷容量に当たるコンデンサ C_L に電荷が電源から供給され，素子出力の電位はほぼ V_{dd} と同じになる．その後，入力が変化しない限り素子中には電流は流れない．入力 V_{in} が論理値 1 へと変化した場合，p チャネル MOS が off，n チャネル MOS が on となり，素子の出力は電源から切り離されて接地される．コンデンサ C_L に溜まっていた電荷 Q が放電され，出力の電位は 0 V となる．その後，入力が変化しない限り素子中には電流は流れない．すなわち，入力が論理値 1 から 0 そして再び 1 へ変化する中で，負荷容量 C_L に電荷 Q が充電されそして放電される．この充放電が素子の電力消費であり，その電力は $C_L V_{dd}^2$ となる．

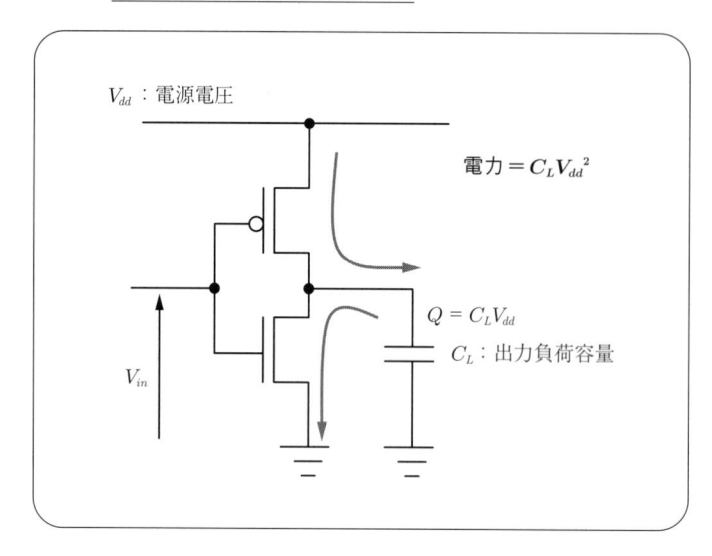

図 5.11 インバータ素子の電力消費

このように，CMOS 素子は論理素子の出力の変化のときにだけ電力を消費する理想的な計算素子であり，CMOS 論理回路も入力が変化したときにのみ内部の素子の出力が変化することで電力を消費する回路となっている．消費電力を小さくするためには，計算に不要な入力の変化が消費電力の増加につながることを意識した論理回路の構成が必要となる．

入力が変化して論理関数を再計算するときにのみエネルギーを消費するという CMOS 論理回路の性質によって，ディジタル回路は 1980 年代以降はほとんど CMOS によって構成されることになった．

本章のまとめ

❶ 論理式から，組合せ論理回路の論理式を変形して最小積和論理式を求め，組合せ回路を構成する．AND-OR 2 段回路として実現することが多い．

❷ **組合せ論理回路の評価**　素子数あるいはトランジスタ数が小さな回路，遅延時間が短い回路，消費電力が小さな回路などが，回路の良さを表す評価基準として用いられる．

●理解度の確認●

問 5.1 図 4.10 の論理関数 f を，AND-OR 2 段組合せ論理回路として実現せよ．また，各素子の遅延時間を 1 単位時間として，その回路の遅延時間を求めよ．

問 5.2 図 5.6 の回路を 2 入力 AND，2 入力 OR，インバータを使って構成せよ．

6 フリップフロップと記憶

　論理回路は，内部に記憶をもたない組合せ回路と，記憶を有する順序回路に分類できる．順序回路の構成のためには，過去の情報を記憶するための記憶素子が必要となる．ここでは基本的な記憶素子であるフリップフロップの構成と，論理回路の記憶の原理について学ぶ．

6.1 受動素子による記憶

複雑な論理関数の計算や時系列として入ってくる入力に対応するためには，**記憶**（memory）の機能が必要となる．論理回路の中で用いられる記憶素子は，**フリップフロップ**（flip-flop）や**ラッチ**（latch）と呼ばれる．コンピュータの中では，このような記憶素子を大量に集めた**メモリ回路**（memory circuit）が，主記憶やキャッシュメモリあるいは2次記憶に用いられる．

CMOS論理回路の中で用いられる記憶素子は，受動素子であるコンデンサに電荷を溜めることによって記憶を実現するものと，能動素子である論理素子を組み合わせて実現するものとがある．

受動素子による記憶素子の基本となる**ダイナミックラッチ**（dynamic latch）の構成を図 **6.1** に示す．入力 D に接続されている**トランスファゲート**（transfer gate）は，nチャネルMOSとpチャネルMOSを並列に接続し，それぞれのゲートに信号 Φ とその逆相（0と1が反転した信号）の Φ' を入力している．

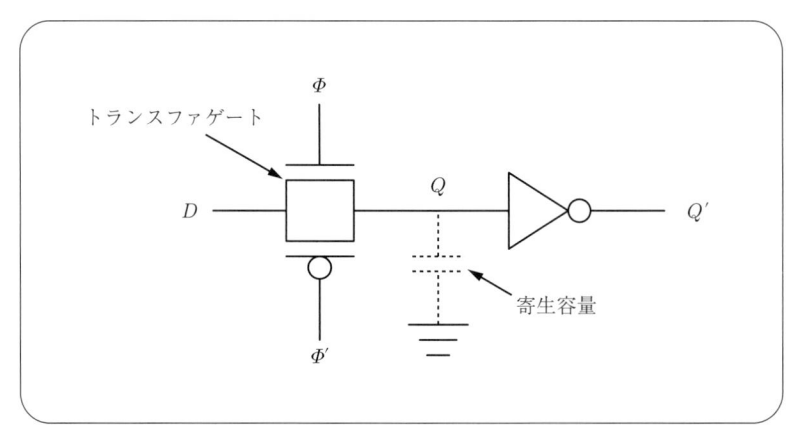

図 **6.1** 記憶素子（ダイナミックラッチ）の構成

信号 Φ が論理値1になるとnチャネルMOSとpチャネルMOSがともにonとなりソース・ドレーン間が導通する．すなわち D 入力からの信号に対し，nチャネルMOSは論理値0を通しやすく，pチャネルMOSは論理値1を通しやすいので，D の論理値はトランスファゲートの出力 Q にそのまま伝わる．

信号 Φ が論理値0となるとnチャネルMOSとpチャネルMOSともにoffとなり，D と Q

の接続は切れる．このとき，Qの電位は，配線とインバータのゲートの寄生容量によって形成されるコンデンサに蓄えられた電荷により，直前にDがもっていた論理値と同じ値を維持する．

図 **6.2** にダイナミックラッチの動作を示す．出力のインバータは，Qの値を反転増幅して外部に伝える役割をしているだけであり，記憶に対しては本質的な寄与はしていない．

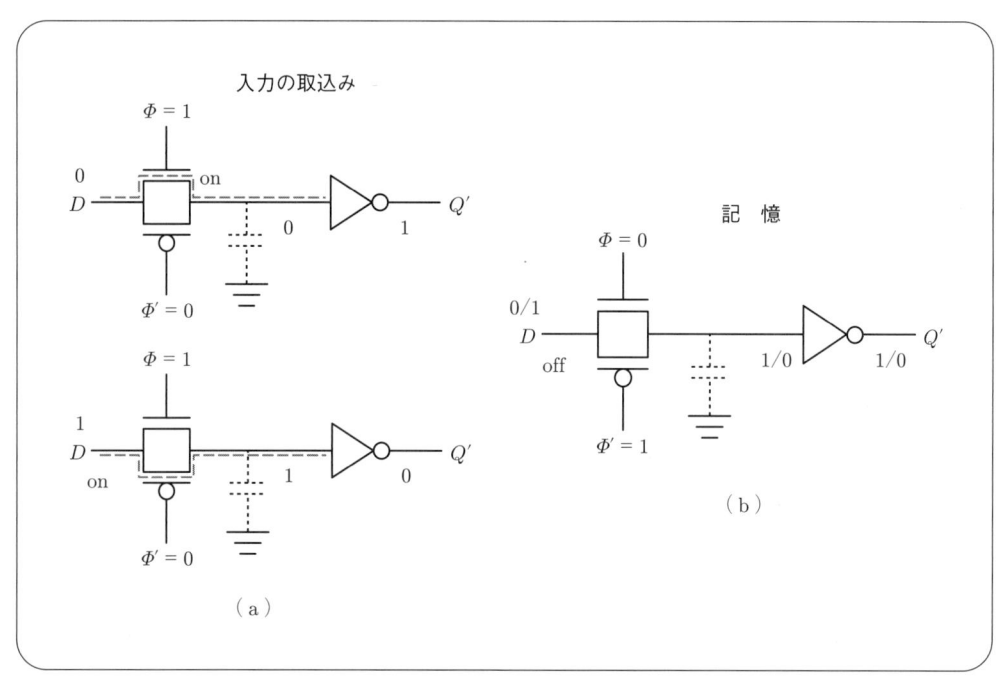

図 **6.2** ダイナミックラッチの動作

このように，受動素子を利用した記憶は情報を電荷としてコンデンサに貯えることを基本としており，時間とともに電荷が徐々に自然放出されるので，長時間の記憶には向いていない．しかし極めて単純な構造であるため，短時間の記憶には広く利用されている．コンピュータの主記憶に用いられている **DRAM**（dynamic random access memory）も，基本的にこの原理によっている．

6.2 能動素子による記憶

長時間の記憶を実現するためには，インバータと**フィードバックループ**（feedback loop）を組み合わせた**スタティックラッチ**（static latch）が用いられる．図 **6.3** にスタティックラッ

58　　6. フリップフロップと記憶

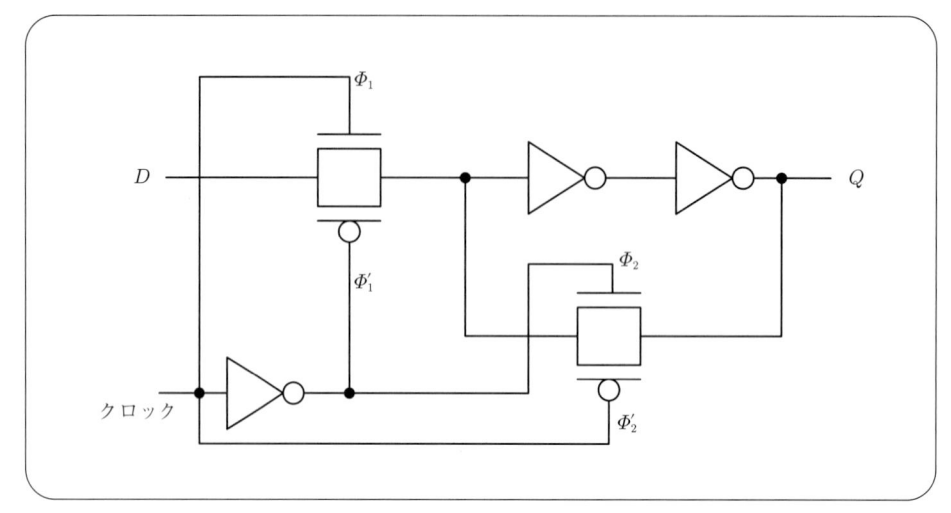

図 6.3　記憶素子（スタティックラッチ）の構成

チの構成を示す．2つのトランスファゲートと2つのインバータによって構成されている．入力は記憶されるデータである D 入力と記憶と，時間の経過を制御するクロック（clock）信号からなる．2つのインバータの直列接続の出力がトランスファゲートを通してフィードバックされている点が，大きなポイントである．

図 6.4 (a) に示すように，入力のデータ信号 D を取り込むときには，クロック信号が論理値1となり，D 入力側のトランスファゲートが on となり，フィードバック側のトランスファゲートは off となっている．このとき，入力 D の値は2つのインバータを通して出力 Q へそのまま伝えられる．

図 (b) のように，クロック信号が論理値0となると D 入力側のトランスファゲートは off となり，フィードバック側のトランスファゲートが on となる．このとき Q が1であれば，それが1段目のインバータの入力となり Q の値は安定する．Q が0であってもやはり Q の値は安定する．

このように，Q の値がフィードバックされて，論理的に安定なループを形成する現象を利用して記憶を構成するのが，能動素子による記憶の基本的な原理である．

クロック信号は周期的に0と1を繰り返す．スタティックラッチの構造では，入力取込み時には D 入力の値が出力 Q に筒抜けになる．図 6.5 に示すように，クロックが1のときの最後に取り込んだ情報をクロックが0の期間記憶するのが，スタティックラッチの機能である．コンピュータの中で用いられるキャッシュメモリやレジスタなどの高速な記憶回路は，基本的にこのスタティックラッチの原理を使っている．

(a) 入力の取込み

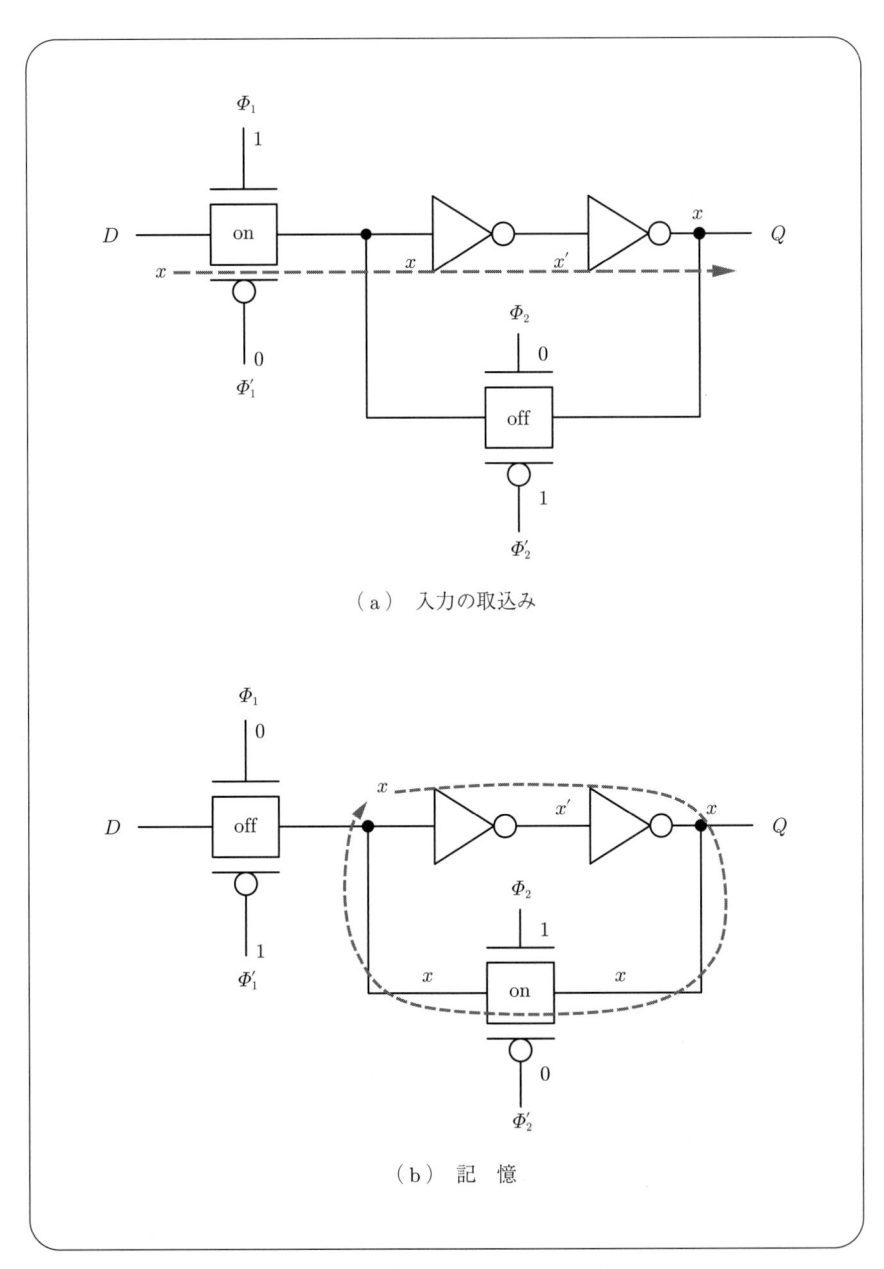

(b) 記 憶

図 6.4 スタティックラッチの動作

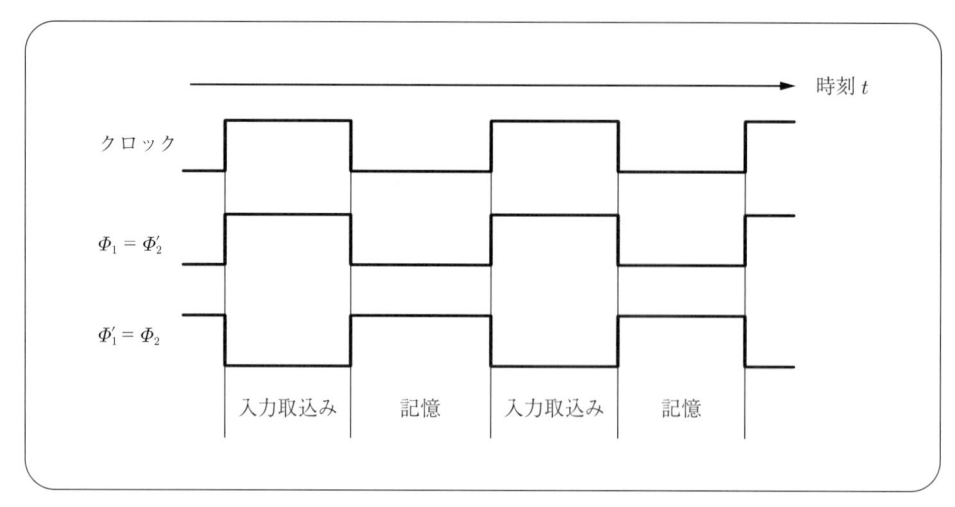

図 6.5　スタティックラッチの動き

6.3 マスタースレーブフリップフロップ

ダイナミックラッチやスタティックラッチは，入力 D を取り込んでいる間は，入力の値が出力 Q にそのまま伝わってしまう．論理回路の設計においては，入力として取り込まれたデータをクロックの1周期分保持したいことが多い．そのため，ラッチを直列に接続してクロックとして逆相の信号を入れることで，この欠点を解決することができる．すなわち，図 6.6 に示すような回路構成である．

図の L_1 と L_2 は，ダイナミックあるいはスタティックラッチのいずれでもよい．この回路を**マスタースレーブフリップフロップ**（master-slave flip-flop）と呼び，多くの順序回路の構成において利用されている．

実際には回路の中の各素子の遅延もあるので，マスタースレーブフリップフロップの動作は，図 6.7 のようになる．クロックの立下がりの直前の入力の値が L_1 に取り込まれ，次のクロックの立下がりの時点までその値を保持して出力とする．クロックの立下がりから立下がりまでの1周期の間，フリップフロップの出力は固定される．

7章以降で学ぶ順序回路は，このフリップフロップを記憶回路として用いる．

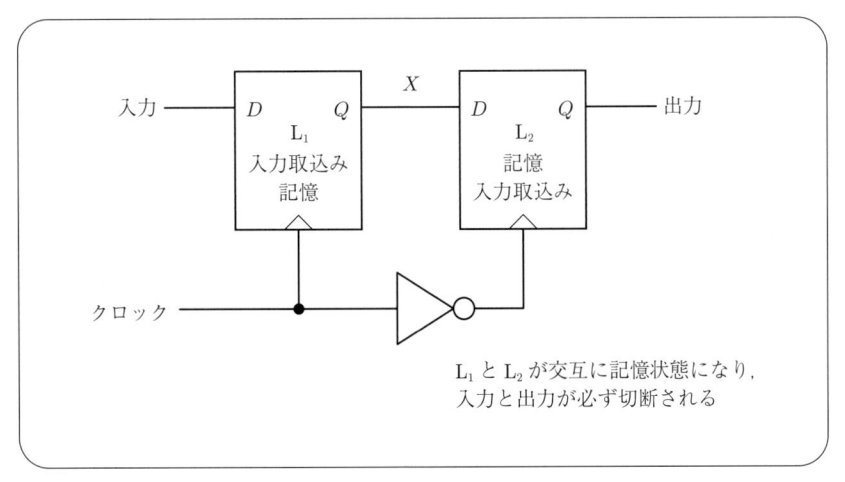

図 **6.6** マスタースレーブフリップフロップ

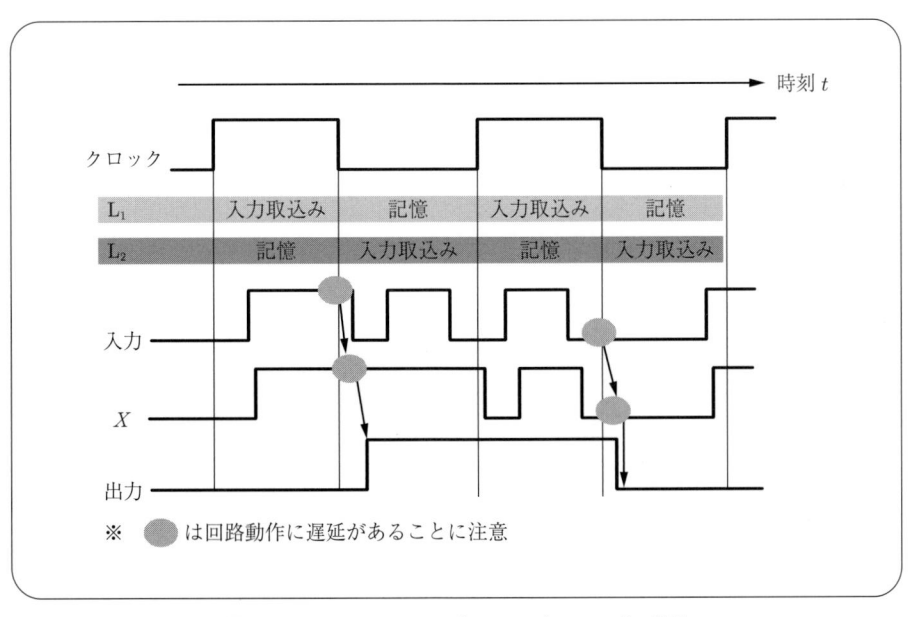

図 **6.7** マスタースレーブフリップフロップの動作

本章のまとめ

❶ **ダイナミックラッチ**　トランスファゲートで入力を取り込み，寄生容量に蓄積する電荷によって記憶を実現する回路．

❷ **スタティックラッチ**　インバータ2個でフィードバックループを形成し，2種類の安定状態によって記憶を実現する回路．

❸ **マスタースレーブフリップフロップ**　2つのラッチを接続して，順序回路の設計に利用しやすくした記憶回路．

●理解度の確認●

問 **6.1**　図6.4を使って記憶情報が1の場合と0の場合の各素子の値の変化を説明せよ．

問 **6.2**　スタティックラッチを用いてマスタースレーブフリップフロップの回路をトランジスタ回路として設計せよ．

7 有限状態機械

　これまで学んできた組合せ回路は，ある時点での入力に対する論理関数を計算することができる．しかし，世の中で利用されるディジタルシステムは，時間的に連続した入力の変化に対応して適切な応答をしなければならない．このようなシステムの数学モデルが，有限状態機械であり，論理回路としては順序回路の形で実現される．

7.1 有限状態機械とは何か

これまで学んできた組合せ回路は，与えられた論理関数を論理素子と組み合わせて実現する論理回路であった．組合せ論理回路は，その時点での入力に対して指定された論理関数の値を計算して出力する．

しかし世の中のディジタルシステムは，時間に従って連続的に入力される信号の系列（時系列信号と呼ぶ）に対応して，適切な出力を時系列信号として出力することが求められる．例えば自動販売機は，時系列として投入される現金が商品購入に必要な額を超えた場合に初めて商品を出力する．

このような動作を実現するためには，システムの内部に「記憶（memory）」をもつことが必要である．すなわち，これまでに投入された金額を記憶し，新たに投入された分を加算して，その総額が商品の価格を超えたかどうかを判定する機能が必要である．

このように，組合せ論理回路では出来なかった機能を実現するのが，**順序回路**（sequential circuit）である．組合せ論理回路が，内部にフィードバックループを含まず内部に記憶素子をもたなかったのに対し，順序回路はフィードバックループを含み，内部に記憶をもつ．このため，順序回路の出力は入力と内部に記憶されている情報によって決まる．記憶情報を入力によって変化させることで，過去に入力された時系列の影響を，現在さらには未来の出力に反映させることができる（図 **7.1**）．

順序回路の数学的モデルが**有限状態機械**（finite state machine, **FSM**）である．**順序機械**（sequential machine）あるいは，**有限オートマトン**（finite automaton, **FA**）と呼ばれることもある．有限の意味は，内部状態の数が有限であることによる．

有限状態機械では，入力や出力の時系列の時間の基準も量子化される．すなわち，クロック信号で時間を区切り，クロック周期の1つ分の時間帯が1つの信号として扱われる．各時間帯を時刻と呼び連続する整数でその順序を表す．

有限状態機械は，コンピュータの数学的な基本モデルであり，世の中で用いられているほとんどのディジタル回路は有限状態機械と考えられる．

図 7.1 に示すように，組合せ論理回路で実現される論理関数は，時刻 t（t は整数値）における入力 $x(t)$ に対する出力 $z(t)$ は

7.1 有限状態機械とは何か

(a) 論理関数

入力 $x(t)$ → 論理関数 f → 出力 $z(t) = f(x(t))$

組合せ論理回路で実現

(b) 有限状態機械

入力 $x(t)$ → 出力関数 f、状態遷移関数 g、記憶 $s(t)$、$s(t+1) = g(x(t), s(t))$ → 出力 $z(t) = f(x(t), s(t))$

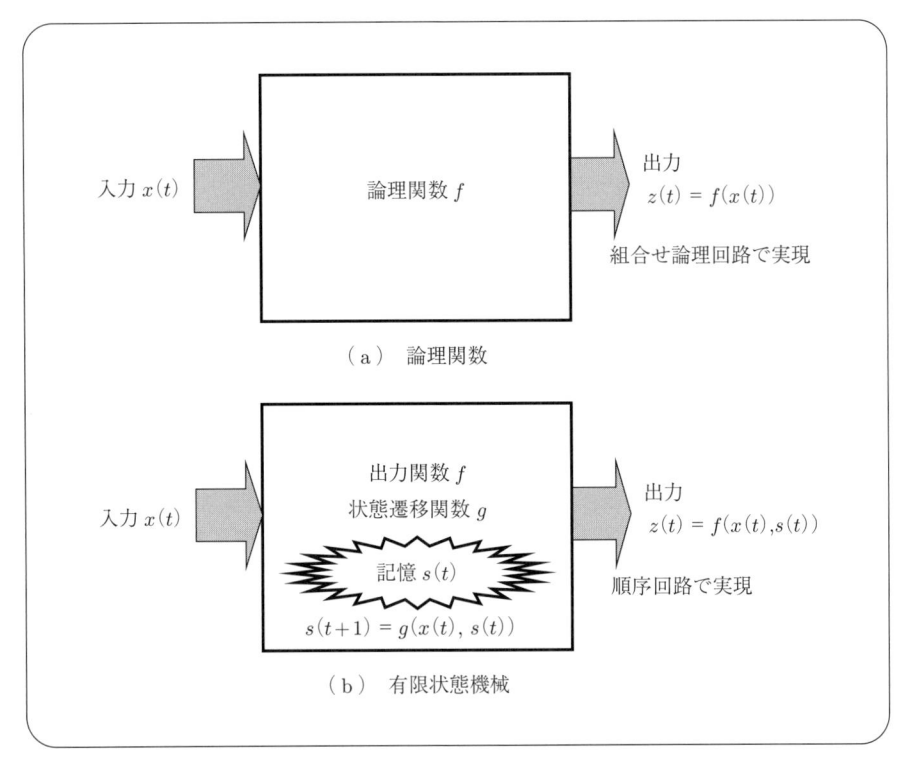

順序回路で実現

図 7.1 論理関数と有限状態機械

$$z(t) = f(x(t))$$

と表される.すなわち,時刻 $t-1$ 以前の入力の影響は $z(t)$ に現れない.一方,有限状態機械では内部に記憶 $s(t)$ をもち,出力 $z(t)$ は

$$z(t) = f(x(t), s(t)) \tag{7.1}$$

と表される.内部の記憶は

$$s(t+1) = g(x(t), s(t)) \tag{7.2}$$

によって更新されるため,過去の入力時系列の影響を反映させることができる.式 (7.1) 及び式 (7.2) における f と g はいずれも論理関数である.

具体例として,200 円の商品の自動販売機を考えよう.簡単のため,ここでは入力として 100 円硬貨のみが入力できる場合を考える(図 **7.2**).

入力が入る前は,内部状態は 0 円が入っている状態である(図 (a)).100 円硬貨が 1 枚入力されると,内部状態は 100 円を受け取った状態に変化し,商品は出さない(図 (b)).2 枚目の硬貨が入力されるまでは,内部状態は 100 円を受け取ったことを記憶しており,出力の変化もない(図 (c)).2 枚目の硬貨が入力されると商品を出力として出し,内部状態は元の現金を受け取っていない状態(0 円が入っている状態)に戻る(図 (d)).

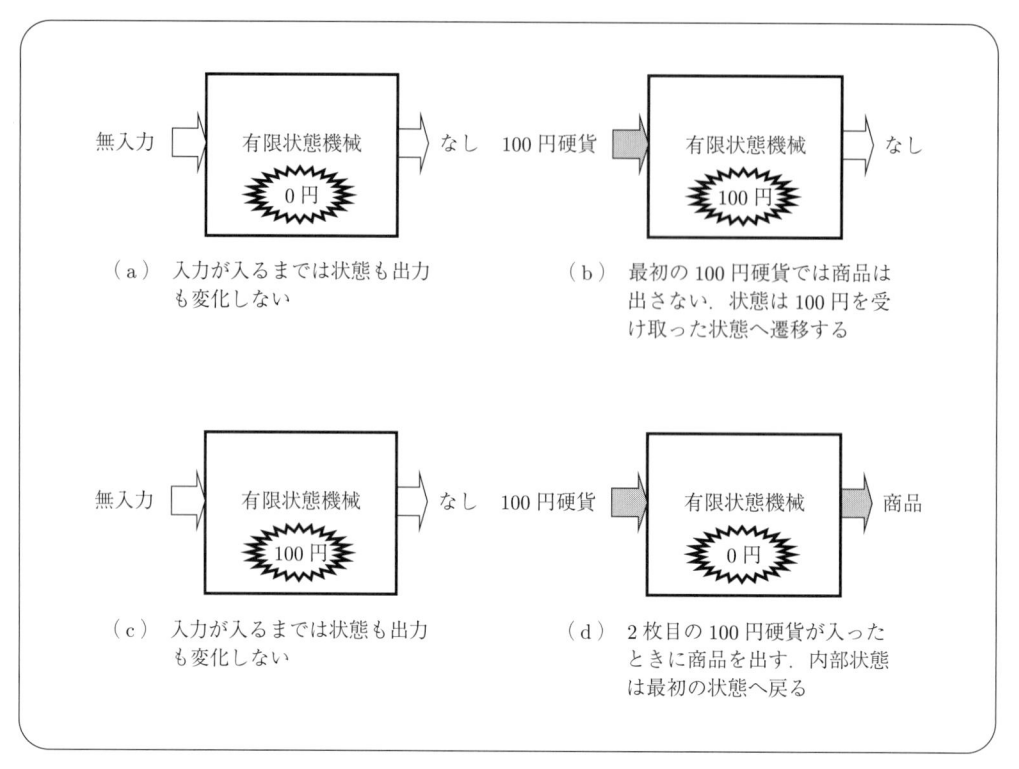

```
┌─────────────────────────────────────────────────────────────┐
│   無入力 ▷ [有限状態機械 0円]  ▷ なし    100円硬貨 ▶ [有限状態機械 100円] ▷ なし │
│                                                              │
│  （a） 入力が入るまでは状態も出力     （b） 最初の100円硬貨では商品は        │
│        も変化しない                        出さない．状態は100円を受      │
│                                           け取った状態へ遷移する          │
│                                                              │
│   無入力 ▷ [有限状態機械 100円] ▷ なし   100円硬貨 ▶ [有限状態機械 0円]  ▶ 商品 │
│                                                              │
│  （c） 入力が入るまでは状態も出力     （d） 2枚目の100円硬貨が入った       │
│        も変化しない                        ときに商品を出す．内部状態     │
│                                           は最初の状態へ戻る              │
└─────────────────────────────────────────────────────────────┘
```

図 7.2　200 円の商品の自動販売機

7.2 有限状態機械の数学的定義

有限状態機械 M は，数学的には以下 5 つの要素を定義することで定義される．

$M = (I, O, S, \delta, \lambda)$

I：入力アルファベット（入力記号の集合）

O：出力アルファベット（出力記号の集合）

S：状態集合

$\delta : S \times I \to S$：状態遷移関数　$s(t+1) = \delta(s(t), i(t))$

$\lambda : S \times I \to O$：出力関数　$o(t) = \lambda(s(t), i(t))$ （Mealy 型）

　　または

$S \to O$：出力関数　$o(t) = \lambda(s(t))$ （Moore 型）

7.2 有限状態機械の数学的定義

I は入力アルファベットと呼ばれ，入力として各時刻で入力される可能性がある記号の有限集合である．O は出力アルファベットであり，出力として各時刻に出力される可能性がある記号の有限集合である．S は内部状態の有限集合である．状態遷移関数 δ は，時刻 t の状態と入力から時刻 $t+1$ の状態を決定する関数である．出力関数 λ は，時刻 t の状態と入力から時刻 t の出力を決める関数である．ここに $i(t) \in I$，$s(t) \in S$，$o(t) \in O$ は，それぞれ時刻 t における入力，状態，出力を表す．

出力関数が $\lambda : S \times I \to O$ の形で与えられる場合を Mealy 型と呼び，入力に依存せず状態のみから出力が決まる場合（すなわち，$\lambda : S \to O$）を Moore 型と呼ぶ．Moore 型は Mealy 型の特殊な場合と考えることができるので，本書では，以後 Mealy 型のみを考える．

図 **7.3** の自動販売機の場合，$I = \{\phi, 100\,円硬貨\}$，$O = \{\phi, 商品\}$ となる．ここに，ϕ は硬貨が入らない状況や商品を出さない状況を表す記号である．S は，$\{0\,円, 100\,円\}$ となる．状態遷移関数は

$$\delta(0\,円, \phi) = 0\,円, \qquad \delta(0\,円, 100\,円硬貨) = 100\,円,$$
$$\delta(100\,円, \phi) = 100\,円, \qquad \delta(100\,円, 100\,円硬貨) = 0\,円$$

と定義される．また，出力関数は

$$\lambda(0\,円, \phi) = \phi, \qquad \lambda(0\,円, 100\,円硬貨) = \phi,$$
$$\lambda(100\,円, \phi) = \phi, \qquad \lambda(100\,円, 100\,円硬貨) = 商品$$

となる．状態遷移関数と出力関数は，図 7.3 右のような表としても表現できる．

$M = (I, O, S, \delta, \lambda)$
$I = \{\phi,\ 100\,円硬貨\}$
$O = \{\phi,\ 商品\}$
$S = \{0\,円,\ 100\,円\}$
$\delta : S \times I \to S$
$\lambda : S \times I \to O$

δ	ϕ	100 円硬貨
0 円	0 円	100 円
100 円	100 円	0 円

λ	ϕ	100 円硬貨
0 円	ϕ	ϕ
100 円	ϕ	商品

図 7.3　自動販売機の有限状態機械

一般に，Mealy 型の状態遷移関数と出力関数は，図 **7.4**(a) のような**状態遷移表**（state transition table）で表すことができる．状態遷移表は，入力アルファベットの要素を横に，状態集合の要素を縦に並べた 2 次元の表で，入力と状態から次の時刻の状態がどの状態になる

状態＼入力	入力 1	入力 2	…	入力 m
状態 1	次状態/出力	次状態/出力	…	次状態/出力
状態 2	次状態/出力			
…	…			
状態 n	次状態/出力			

（a） Mealy 型

状態＼入力	入力 1	入力 2	…	入力 m
状態 1/出力	次状態	次状態	…	次状態
状態 2/出力	次状態			
…	…			
状態 n/出力	次状態			

（b） Moore 型

図 7.4 状態遷移表

かと，そのときの出力の値を示す表である†．図 7.3 の状態遷移関数 δ と出力関数 λ の表を 1 つにまとめた表である．また，Moore 型の場合は状態によって出力が決まるので，図 7.4 (b) のような状態遷移表で表すことができる．

また，**状態遷移図**（state transition diagram）というグラフの形式で表すこともできる（図 **7.5**）．状態集合の各要素を節点とし，入力による状態の遷移を有向枝で表す．各枝には，入力と対応する出力を付けて表す．状態遷移表も状態遷移グラフも，状態遷移関数と出力関数をわかりやすく表現する方法で，表される情報は同じである．

図 **7.6** に，入力に 50 円硬貨も許した場合の 200 円の商品の自動販売機の有限状態機械 M_1 の定義を示す．入力アルファベット I に 50 円硬貨が加わるとともに，50 円硬貨を先に入れて 100 円硬貨を後から入れる場合を考慮して，出力にも「商品と 50 円硬貨」という新しい要素が加わる．総計として 250 円が投入された場合の釣り銭である．また，状態集合 S にも 50 円と 150 円という新しい要素が加わる．

このように，有限状態機械 $M = (I, O, S, \delta, \lambda)$ の 5 つの要素を定義すると，作りたい機械

---

† 次状態/出力等は分数ではない．

(a) Mealy型 — 状態を節点とし，入力と対応する出力を枝に付ける

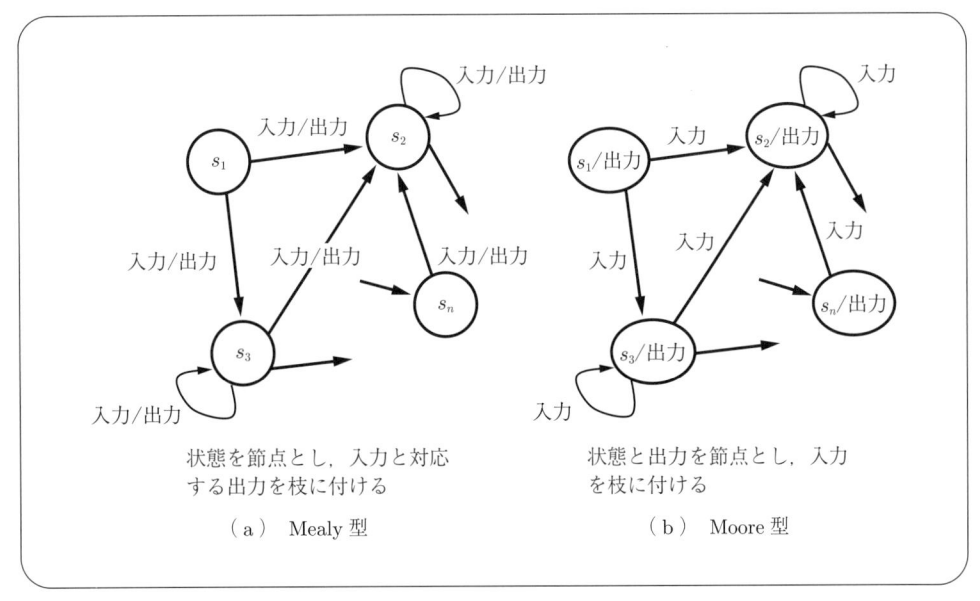

(b) Moore型 — 状態と出力を節点とし，入力を枝に付ける

図 7.5　状態遷移図

$M_1 = (I, O, S, \delta, \lambda)$
　$I = \{\phi,\ 50\text{円硬貨},\ 100\text{円硬貨}\}$
　$O = \{\phi,\ 商品,\ 商品と50円硬貨\}$
　$S = \{0\text{円},\ 50\text{円},\ 100\text{円},\ 150\text{円}\}$
　$\delta : S \times I \rightarrow S$
　$\lambda : S \times I \rightarrow O$

入力　状態	ϕ	50円硬貨	100円硬貨
0円	0円/ϕ	50円/ϕ	100円/ϕ
50円	50円/ϕ	100円/ϕ	150円/ϕ
100円	100円/ϕ	150円/ϕ	0円/商品
150円	150円/ϕ	0円/商品	0円/商品と50円硬貨

次状態/出力

図 7.6　200円の商品の自動販売機 M_1

の動作を完全に指定することができる．有限状態機械の概念は，複雑なプログラムの作成などにおいても幅広く利用される基本的な考え方である．

7.3　有限状態機械と順序回路

有限状態機械は，順序回路として実現される．一般的に順序回路は，図 7.7 のような構成

7. 有限状態機械

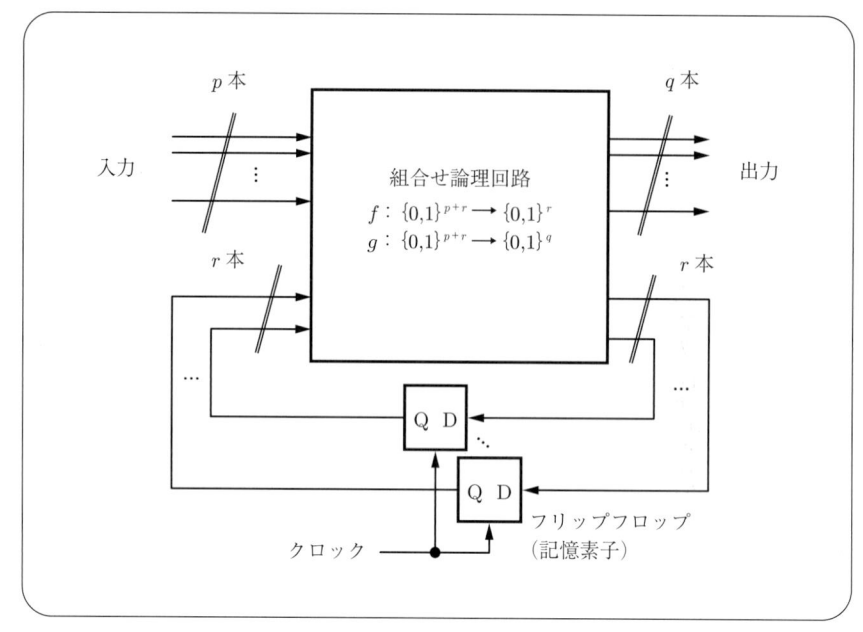

図 7.7 順序回路の構成

である．入力アルファベット，出力アルファベット及び状態集合の各要素は，2値の符号に符号化される．図ではそれぞれ，p ビット，q ビット，r ビットで符号化され，それぞれが p 本，q 本，r 本の論理変数からなるベクトルとして表されている．

状態遷移関数と出力関数は，それぞれ次のような論理関数となり組合せ論理回路で実現される．

$$f: \{0,1\}^{p+r} \longrightarrow \{0,1\}^r$$
$$g: \{0,1\}^{p+r} \longrightarrow \{0,1\}^q$$

f が状態遷移関数に対応する論理関数で，g が出力関数に対応する論理関数である．論理関数 f で計算された次状態に対応する符号は，マスタースレーブフリップフロップに取り込まれ，次の時刻の f や g を計算する組合せ論理回路の入力となる．

図 **7.8** に，2つの2進数を下位の桁から1桁ずつ入力してその和を計算する直列加算器の有限状態機械の定義を示す．入力の2ビットは，それぞれ加算される2進数の対応する桁の値を対にしたものである．出力はその桁の加算結果であり，上位桁への桁上がりは，状態 s_0（桁上がりがない状態）と s_1（桁上がりがある状態）によって区別される．

これを順序回路として実現すると図 **7.9** のようになる．状態遷移関数を表す論理関数は

$$c^* = ab + bc + ca \tag{7.3}$$

となる．ここに，c^* は c の次の時刻の値 $c(t+1)$ に対応する．出力関数は

$$M = (I, O, S, \delta, \lambda)$$
$I = \{00, 01, 10, 11\}$
$O = \{0, 1\}$
$S = \{s_0, s_1\}$
$\delta : S \times I \to S$
$\lambda : S \times I \to O$

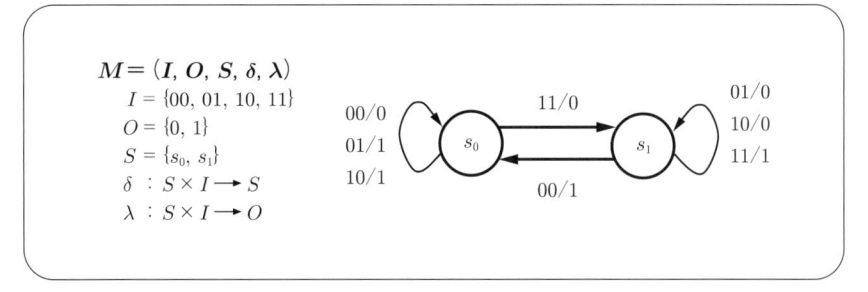

図 7.8 直列加算器の有限状態機械の定義

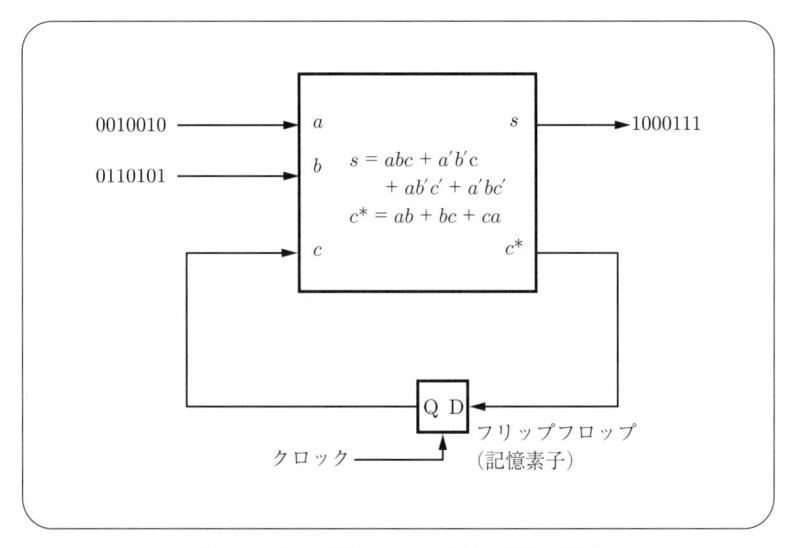

図 7.9 順序回路で表した直列加算器の構成

$$s = abc + a'b'c + ab'c' + a'bc' \tag{7.4}$$

となる．それぞれの論理関数に対する組合せ論理回路を構成すれば，直列加算器が実現できる．この回路は，任意の長さの2つの2進数の加算を計算することができる．

本章のまとめ

❶ **順序回路**　　内部にフィードバックループと記憶素子をもつ論理回路．ほとんどのディジタルシステムは順序回路である．

❷ **有限状態機械**　　順序回路の数学的なモデル．コンピュータも有限状態機械である．

❸ **状態遷移関数**　　有限状態機械の状態遷移を規定する関数．

●理解度の確認●

問 7.1 図 7.6 の自動販売機 M_1 の状態遷移図を描け．

問 7.2 10 円硬貨と 50 円硬貨が利用できる 70 円の切符の自動販売機を，有限状態機械として設計せよ．

8 有限状態機械の状態数の最小化

　ディジタルシステムの設計は，実現したい機能を有限状態機械として定義することから始まる．同じ機能を実現できるのであれば，できるだけ状態数の少ない機械を定義すれば，順序回路の素子数や消費電力が小さくなる．ここでは，同じ機能をもつ有限状態機械の状態数が最小となる機械を求める手法を学ぶ．

8.1 有限状態機械と状態の等価性

図 8.1 に，図 7.6 と同じ動作をする有限状態機械 M_2 を定義する（p.69 参照）．M_1 は，それまでに入れた硬貨の総額を状態としていた．それに対し，M_2 においては，それまでに入れた硬貨の種類と順序ごとに状態を定義している．明らかに M_1 と M_2 の動作は外から見たら全く同じであるが，状態集合 S_1 は 4 つの要素からなるが，S_2 は 7 つの状態からなる．

$M_2 = (I, O, S_2, \delta_2, \lambda_2)$
  $I = \{\phi,\ 50\text{円硬貨},\ 100\text{円硬貨}\}$
  $O = \{\phi,\ 商品,\ 商品と 50 円硬貨\}$
  $S_2 = \{0\text{円},\ 50\text{円},\ 50\text{円}+50\text{円},\ 100\text{円},\ 50\text{円}+50\text{円}+50\text{円},\ 100\text{円}+50\text{円},\ 50\text{円}+100\text{円}\}$
  $\delta_2 : S_2 \times I \rightarrow S_2$
  $\lambda_2 : S_2 \times I \rightarrow O$

状態＼入力	ϕ	50 円硬貨	100 円硬貨
0 円：a	a/ϕ	b/ϕ	d/ϕ
50 円：b	b/ϕ	c/ϕ	g/ϕ
50 円 + 50 円：c	c/ϕ	e/ϕ	$a/$商品
100 円：d	d/ϕ	f/ϕ	$a/$商品
50 円 + 50 円 + 50 円：e	e/ϕ	$a/$商品	$a/$商品と 50 円硬貨
100 円 + 50 円：f	f/ϕ	$a/$商品	$a/$商品と 50 円硬貨
50 円 + 100 円：g	g/ϕ	$a/$商品	$a/$商品と 50 円硬貨

図 8.1　200 円の商品の自動販売機 M_2

実際に，順序回路としてこの自動販売機を設計する場合，M_1 と M_2 のどちらを作るのがよいだろうか？ M_1 と M_2 の動作は外から見たら全く同じであるので，回路としてのコストや性能が優れている方がよい．この場合，コストや性能としては

1) 設計や製作の容易性
2) 論理素子の数が少ない
3) 動作速度が速い
4) 消費電力が小さい
5) 故障が少ない

など，多角的な視点から検討する必要がある．一般に状態数が小さな機械の方が，上記のコストや性能に関して有利になることが多い．

この自動販売機の例では，M_1 と M_2 が外から見て同じ動作をすることは容易に理解できるが，一般的には 2 つの有限状態機械が外部から見て同じ動作をすることをどのようにして

確認すればよいだろうか？

2つの有限状態機械が**等価**（equivalent）であるとは，任意の入力系列に対し，二つの機械の出力が常に等しいことであると定義される（図 8.2）．すなわち，与えられた有限状態機械 M に対し，M と等価で状態数が最も小さな有限状態機械 M' を求めることができれば，コストや性能の優れた順序回路を設計できることになる．このように，「有限状態機械 M に対し，M と等価で状態数が最も小さな有限状態機械 M' を求める問題」を有限状態機械の状態数最小化問題と呼ぶ．

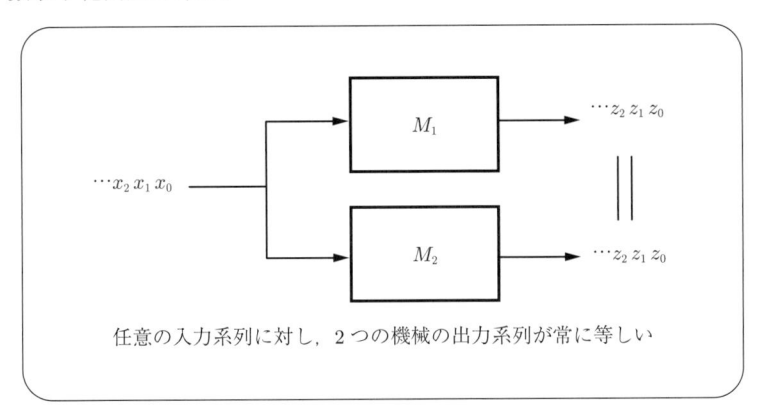

図 8.2 有限状態機械の等価性

次節では，状態数最小化問題を議論する．完全指定（すべての次状態と出力が一意に指定されている）有限状態機械に関しては，状態数最小の有限状態機械は一意に決まる．

8.2 状態数の最小化

図 8.1 の M_2 の各状態を考える．状態 c は 50 円硬貨を 2 枚受け取った状態であり，状態 d は 100 円硬貨を 1 枚受け取った状態である．自動販売機の動作として考えると，いずれも総額で 100 円を受け取った状態であることには変わりはない．釣銭のために用意する自動販売機内部の硬貨の数などを考えなくてよいとすれば，200 円の商品を販売するという目的のためには，この 2 つの状態を区別する必要はない．別の言い方をすれば，状態 c と状態 d のいずれから動作を継続したとしても，M_2 の動作は，その後のいかなる入力の系列に対しても外部から見た場合，全く同じ動作となる．

一般に，ある有限状態機械 M の状態集合 S の中の 2 つの状態 s と状態 r から始まる出力系列が，その後のいかなる入力の系列に対しても全く同じ出力系列となるとき，それら 2 つの

8. 有限状態機械の状態数の最小化

状態は「等価」であると言い，$s \equiv r$ と表す．すなわち，M の動作を外部から入力系列を入れてそれに対する出力系列を観測する手段で調べた場合に，状態 s と状態 r が M の入出力の関係を比べるだけでは全く区別できない場合に，状態 s と状態 r を等価であると呼ぶのである．

図 8.1 の M_2 の場合，状態 e，状態 f，状態 g についても，総額で 150 円を受け取った状態であるという意味では，区別する必要がない．状態 e, f, g のように，いずれの 2 つの状態をとってもお互いどうしが等価であるような 3 つ以上の状態からなる集合も存在する．更に，等価性の定義から $e \equiv f$ かつ $f \equiv g$ であれば，必ず $e \equiv g$ が成立する．

一般に，順序機械 M の状態遷移図において，互いに等価な状態 s と r の間では s に入る枝を r に付け替えても，有限状態機械の動作は外から見て変化しない．

具体的に図 8.1 の自動販売機 M_2 の状態遷移図は図 8.3 のようになる．互いに等価な状態の集合は破線で囲んでいる．状態集合 $\{c,d\}$ あるいは状態集合 $\{e,f,g\}$ 中の各状態から出る枝は同じ状態，または互いに等価な状態に向かっていることを確認してみよう．すなわち M_2 の 7 つの状態は，$\{a\}, \{b\}, \{c,d\}, \{e,f,g\}$ の 4 つの集合に分けることができる（図 8.4 参照）．このような，互いに等価な状態の集合を 1 つの状態にまとめると，図 8.5 に示すような最小化した 4 状態の有限状態機械が得られる．ここで，状態集合 $\{c,d\}$ は c で，$\{e,f,g\}$ は

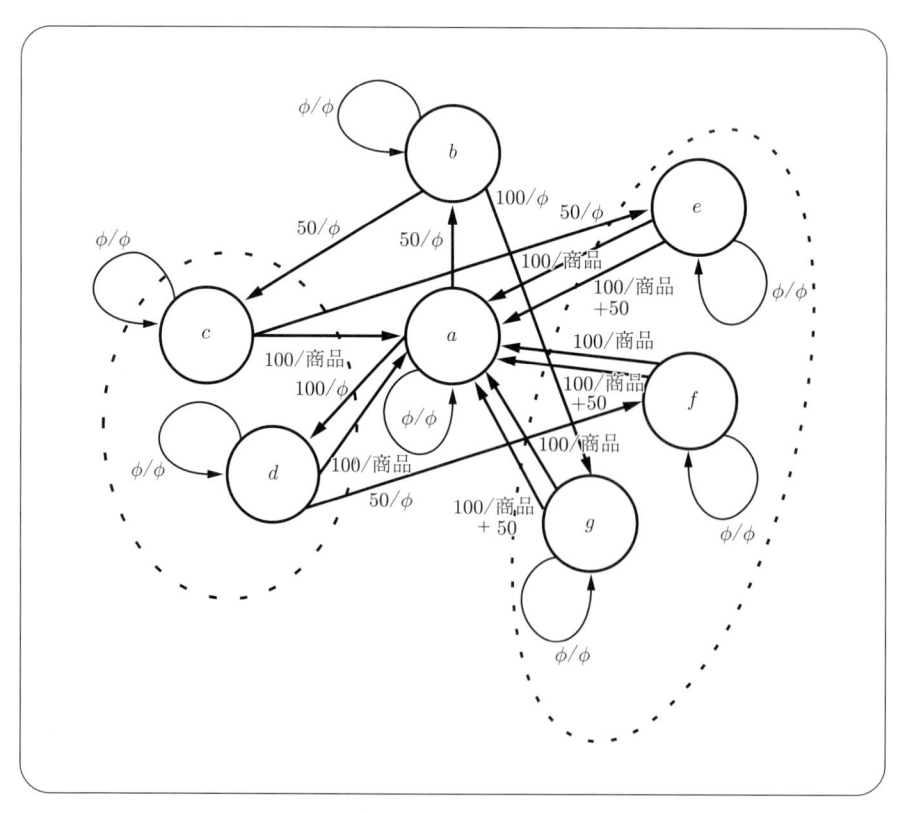

図 8.3 自動販売機 M_2 の状態遷移図

入力＼状態	ϕ	50円硬貨	100円硬貨
a	a/ϕ	b/ϕ	d/ϕ
b	b/ϕ	c/ϕ	g/ϕ
c	c/ϕ	e/ϕ	$a/$商品
d	d/ϕ	f/ϕ	$a/$商品
e	e/ϕ	$a/$商品	$a/$商品 $+$ 50円硬貨
f	f/ϕ	$a/$商品	$a/$商品 $+$ 50円硬貨
g	g/ϕ	$a/$商品	$a/$商品 $+$ 50円硬貨

等価な状態
$c \equiv d$
$e \equiv f$
$f \equiv g$
$g \equiv e$

分割された集合
$\{a\},\{b\},\{c,d\},\{e,f,g\}$

図 8.4　自動販売機 M_2 の等価な状態

入力＼状態	ϕ	50円硬貨	100円硬貨
a	a/ϕ	b/ϕ	c/ϕ
b	b/ϕ	c/ϕ	e/ϕ
c	c/ϕ	a/ϕ	$a/$商品
e	e/ϕ	$a/$商品	$a/$商品 $+$ 50円硬貨

図 8.5　最小化した有限状態機械

e で表している．こうして得られた有限状態機械は，図 7.6 の M_1 そのものである．

それでは一般的な有限状態機械に対し，どのようにして互いに等価な状態対を求めることができるだろうか．等価な状態対を求めるためには，等価でない状態の対がわかればよい．状態対が等価でない条件は，等価性の定義より次のようにまとめられる．

＊状態対が等価となる条件

条件 1)　出力がいずれかの入力で異なっている状態どうしは，等価ではない．すなわち，ある入力 a に対して $\lambda(s,a) \neq \lambda(r,a)$ ならば状態 s と r は等価ではない．

条件 2)　2 つの状態が等価であるためには，すべての入力に対する次状態どうしも等価でなければならない．すなわち，状態 s と r が等価であるための必要条件は $\delta(s,a)$ と $\delta(r,a)$ が等価であることである．

上記の 2 つの条件を確認していけば，等価でない状態対がすべて列挙できる．残った状態対は等価であるということになる．等価な状態対がすべてわかると，図 8.4 の例のように，元

の有限状態機械の状態の集合は互いに等価な状態の集合ごとに分類することができる．

　数学的にいえば，一般に有限状態機械 $M = (I, O, S, \delta, \lambda)$ の状態集合 S において，状態の等価（ここでは $\equiv$ で表すことにした）は，状態集合のうえでの 2 項関係であり，同値関係となっている．すなわち

1) 反射律：$s \equiv s$
2) 対称律：$s \equiv r$ ならば $r \equiv s$
3) 推移律：$s \equiv r$ かつ $r \equiv q$ ならば $s \equiv q$

を満たす 2 項関係である．その理由は，等価性の定義から明らかである．

　一般に，集合のうえで定義された同値関係は集合を分割する．すなわち，同値関係で同値なものどうしを集めると，元の集合の要素は互いに同値のものどうしからなるいずれか一つの部分集合に必ず所属する．

　数学的には，互いに同値な要素をすべて集めた部分集合 S_i は，下記の 3 つの性質を満たす．

1) $S = \cup S_i$ 　（部分集合 S_i をすべて集めると S になる）
2) $S_i \cap S_j = \phi$ （ただし $i \neq j$）　（異なる部分集合どうしは共通部分がない）
3) $i \neq j$ であれば $\forall s \in S_i, \forall r \in S_j$ において $s \equiv r$ ではない　（異なる部分集合に属する要素どうしは同値でない）

この性質を利用すれば，状態集合 S を互いに等価な状態の部分集合に分割することができる．そこで，各分割から代表要素（代表元と呼ぶ）をそれぞれ 1 つ取り出して，その部分集合を代表させることにより，代表元のみからなる状態集合 S' をもつ有限状態機械 M' を構成することで，M と等価な有限状態機械が構成できる．このようにして構成した M' は M と等価な有限状態機械の中で状態数が最も小さいものとなる．なぜならば，M' より状態数が小さな機械が存在するとすれば，状態集合 S の異なる分割に属する状態どうしが等価でなければならない．しかし，同値関係に基づく分割の定義から，そのようなことはありえないからである．

　等価な状態対を見つけ有限状態機械の状態数をより小さくする技術は，順序回路の設計だけでなく，ソフトウェアのプログラミングにおいても重要な技術である．良いプログラマは等価な状態を把握し，むだを省いた単純な有限状態機械としてプログラムの構造を定義し，わかりやすくかつ高速に動作するソフトウェアを構成している．

8.3　状態数の最小化問題の解法

　与えられた有限状態機械 M に対し，M と等価で状態数が最も小さな有限状態機械 M' を求

8.3 状態数の最小化問題の解法

める問題に対する解法を考えてみよう．まず，状態集合 S の中のすべての状態対に対して，その等価性を調べるために状態対に関する表を作ってみる．例えば M_2 に対する状態対のチェックの表は図 8.6 のようになる．この表の中で，下記の状態対が等価でない条件を確認していく．

a							
b	$a \equiv b$ $b \equiv c$ $d \equiv g$						
c	$\times$	$\times$					
d	$\times$	$\times$	$c \equiv d$ $e \equiv f$				
e	$\times$	$\times$	$\times$	$\times$			
f	$\times$	$\times$	$\times$	$\times$	$e \equiv f$		
g	$\times$	$\times$	$\times$	$\times$	$e \equiv g$	$g \equiv f$	
	a	b	c	d	e	f	g

図 8.6　M_2 の状態対の等価性チェック

条件 1）　出力がいずれかの入力で異なっている状態どうしは，等価ではない．

条件 2）　2 つの状態が等価であるためには，すべての入力に対する次状態どうしも等価でなければならない．

例えば状態 a と状態 b は，出力が同じなので 1）の条件には該当しない．すなわち 2）の条件である次状態どうし，状態 a と状態 b，状態 b と状態 c，状態 d と状態 g のうち 1 つでも等価でないことを示さなければ，状態 a と状態 b は等価でないとはいえない．一方，状態 a と状態 c は 100 円硬貨を入れた場合の出力が異なるので，上記 1）の条件ですぐに等価でないことがわかる．

このようにして，1）の条件で直ちに等価でないとわかる状態対に対応する欄には × を書き込み，1）の条件で判定できない欄には，等価であるための必要条件である状態対の等価性を書き込む．このようにして作られたのが図 8.6 である．

次に，既に等価でないと判明した状態対が等価であるための条件となっている状態対の欄を探し，そのような状態対があれば 2）の条件で等価でないことが判明するので × を書き込む．図 8.7 に示すように，状態 a と状態 b は，状態 b と状態 c 及び状態 d と状態 g がともに等価でないことがわかっているので，等価な状態対でないことがわかる．このような，操作を可能な限り繰り返して残った状態対が，互いに等価な状態対である．

図 8.7 の例では，状態 c と状態 d，状態 e と状態 f，状態 f と状態 g，状態 e と状態 g がそ

8. 有限状態機械の状態数の最小化

	a	b	c	d	e	f	g
a							
b	$a \equiv b$ $b \not\equiv c$ $d \not\equiv g$						
c	×	×					
d	×	×	$c \equiv d$ $e \equiv f$				
e	×	×	×	×			
f	×	×	×	×	$e \equiv f$		
g	×	×	×	×	$e \equiv g$	$g \equiv f$	

（吹き出し: $b \equiv c$ と $d \equiv g$ がすでに成立しないとわかっている）

図 8.7 M_2 の状態対の等価性チェックの続き

れぞれ等価な状態として残っており，しかもそれぞれの条件 2) に対応する必要条件がこれらの等価な状態対の中のいずれかとなっていることを確認してほしい．

このように，すべての状態対の等価性をすべてチェックすることにより，互いに等価な状態対をすべて列挙することができる．このようにして，取り出した状態対は状態集合上の同値関係となっているから，状態集合を 8.2 節で述べた 3 つの条件を満たす部分集合に分割することができる．それぞれの互いに等価な状態からなる部分集合から代表元としての状態を 1 つずつ取り出すことにより，元の有限状態機械と等価でかつ状態数が最も小さな有限状態機械が構成できる．

もう少し複雑な例で，8.3 節の手順を確認してみよう．図 8.8 (a) に示す状態遷移表をもつ有限状態機械 M_3 を考える．状態対のチェックのために図 (b) のように表を作る．条件 1) ですぐに等価でないことがわかる状態対に × がついている．次に，状態 b と状態 d，状態 b と状態 f が等価でないことがわかったので，これらの等価性を必要条件とする状態 a と状態 c，状態 b と状態 c，状態 a と状態 e，状態 b と状態 e は，条件 2) によって図 (c) のように等価でないことがわかる．更に，状態 a と状態 c が等価でないことから状態 a と状態 b も等価でないことがわかる（図 (d)）．結果として状態 d と状態 f，状態 c と状態 e が互いに等価であることがわかる．よって状態数最小の等価な機械は，図 (e) に示すように 4 状態の機械が M_3 と等価な状態数最小の有限状態機械となる．

このような手順で，等価な状態集合をすべて求め，その同値性を利用して分割される部分集合の代表元からなる状態集合によって有限状態機械を構成すれば，元の有限状態機械と等価な状態数最小の有限状態機械が得られる．一般に，完全指定（すべての次状態と出力が一

8.3 状態数の最小化問題の解法

(a) M_3 の状態遷移表

現状態	入力 0	入力 1
a	$b/0$	$a/0$
b	$b/0$	$c/0$
c	$d/0$	$a/0$
d	$b/0$	$e/1$
e	$f/0$	$a/0$
f	$b/0$	$c/1$

(b) 状態対の等価性チェック 1

a					
b	$a \equiv c$				
c	$b \equiv d$	$a \equiv c$ $b \equiv d$			
d	×	×	×		
e	$b \equiv f$	$a \equiv c$ $b \equiv f$	$d \equiv f$	×	
f	×	×	×	$c \equiv e$	×
	a	b	c	d	e	f

(c) 状態対の等価性チェック 2

b	$a \equiv c$				
c	×	×			
d	×	×	×		
e	×	×	$d \equiv f$	×	
f	×	×	×	$c \equiv e$	×
	a	b	c	d	e

(d) 状態対の等価性チェック 3

b	×				
c	×	×			
d	×	×	×		
e	×	×	$d \equiv f$	×	
f	×	×	×	$c \equiv e$	×
	a	b	c	d	e

(e) M_3 と等価な状態数最小の機械

現状態	入力 0	入力 1
a	$b/0$	$a/0$
b	$b/0$	$c/0$
c	$d/0$	$a/0$
d	$b/0$	$c/1$

図 8.8 M_3 の状態数最小化

意に指定されている）有限状態機械に関しては，状態数最小の有限状態機械は一意に決まることが知られている．しかも，論理回路に関する多くの問題とは違い，この状態数最小化問題は NP 完全問題ではなく，比較的容易に解ける．

談　話　室

不完全指定有限状態機械　　現実の回路設計やプログラム開発で対象とする有限状態機械では，一部の状態と入力に対して出力や次状態が定義されない場合も多い．このような

82   8. 有限状態機械の状態数の最小化

有限状態機械を**不完全指定有限状態機械** (incompletely specified finite state machine) と呼ぶ．この場合，状態数最小の等価な有限状態機械は唯一に決まらない場合があり，状態数の最小化は NP 完全問題となる．

本章のまとめ

❶ **有限状態機械の等価性**　外部からその入力と出力の関係が全く同じ動作をする有限状態機械は，互いに等価である．

❷ **等価な状態**　有限状態機械の 2 つの異なる状態から始まるあらゆる入力系列に対する出力が全く同じ場合，この 2 つの状態は等価であるという．状態の等価性は有限状態機械の状態集合のうえの同値関係であり，状態集合は互いに等価な状態どうしをまとめた部分集合で分割することができる．

❸ **状態数最小化**　有限状態機械の状態集合を互いに等価な状態からなる部分集合に分割し，各部分集合から代表元として 1 つずつ状態を選んで構成することで，元の有限状態機械と等価な状態数最小の有限状態機械を構成することができる．

●理解度の確認●

問 8.1　状態の等価性が状態数集合上の 2 項関係として同値関係であることを確認せよ．

問 8.2　図 8.9 に示す有限状態機械と等価な状態数最小の有限状態機械を構成せよ．

現状態	入力 0	入力 1
a	$e/0$	$b/1$
b	$j/0$	$d/1$
c	$g/0$	$a/0$
d	$h/1$	$g/1$
e	$f/0$	$b/1$
f	$f/0$	$i/1$
g	$c/0$	$f/0$
h	$d/1$	$c/1$
i	$j/0$	$h/1$
j	$c/0$	$e/0$

図 8.9

9 同期式順序回路の設計

有限状態機械は，組合せ論理回路と記憶素子（フリップフロップ）を組み合わせた順序回路として実現できる．本章では，与えられた有限状態機械からそれを実現する同期式順序回路を構成する手法を学ぶ．

9.1 有限状態機械の順序回路による実現

有限状態機械を論理回路で実現したものが**順序回路**（sequential circuit）である．論理回路で実現するためには，入力アルファベット，出力アルファベット，状態集合のそれぞれを2値ベクトルで符号化（2値符号化と呼ぶ）しなければならない．すなわち

- I：入力アルファベット（入力記号の集合）

$$I \longrightarrow \{0,1\}^p$$

- O：出力アルファベット（出力記号の集合）

$$O \longrightarrow \{0,1\}^q$$

- S：状態集合

$$S \longrightarrow \{0,1\}^r$$

とそれぞれ2値符号化することで，2値ベクトルの世界，すなわち論理関数の世界へもち込むことができる．2値符号化することで，有限状態機械の状態遷移関数と出力関数も論理関数で表すことができる．

- δ：状態遷移関数：$S \times I \longrightarrow S$

$$f\colon \{0,1\}^{p+r} \longrightarrow \{0,1\}^r$$

- λ：出力関数：$S \times I \longrightarrow O$

$$g\colon \{0,1\}^{p+r} \longrightarrow \{0,1\}^q$$

有限状態機械の状態に対応する2値ベクトルの各要素は，フリップフロップ上に記憶され，状態遷移関数で計算された結果が1時刻後の状態として利用される．有限状態機械で仮定されている離散化された時間の区切りは，フリップフロップへのクロック信号で与えられることになる．**図9.1**に有限状態機械と対応する順序回路を示す．

2値符号の長さは，それぞれ入力アルファベット，出力アルファベット，状態集合の大きさに依存する．すなわち

$$\log_2 |I| \leq p \leq |I|$$

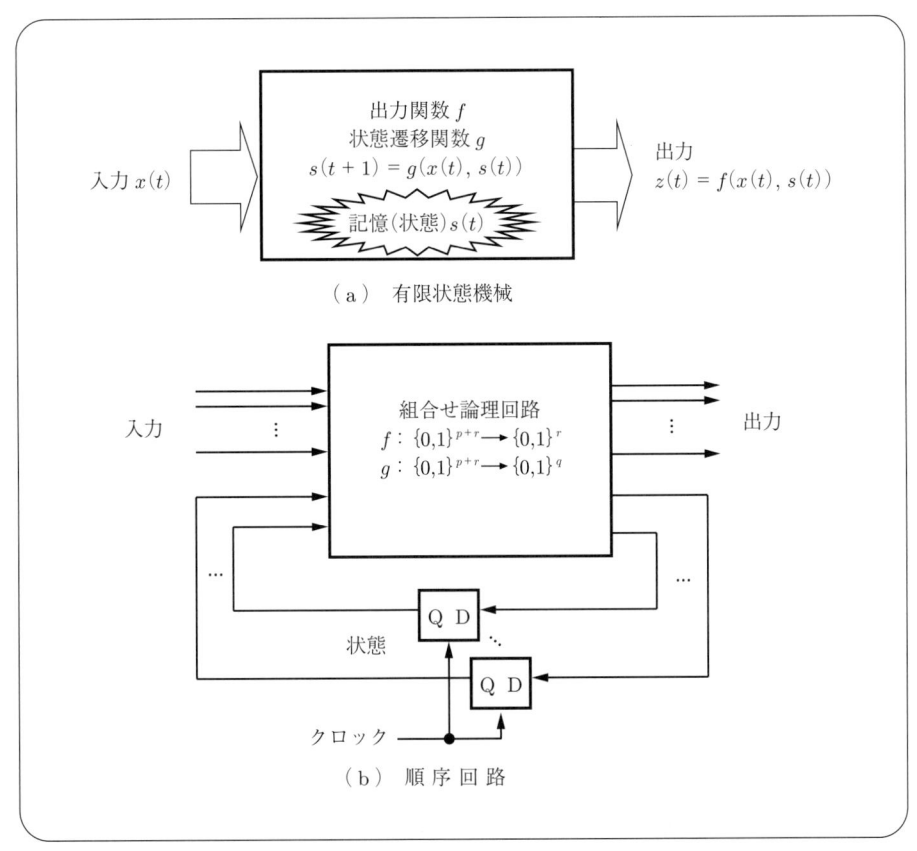

図 9.1 有限状態機械と順序回路

$\log_2 |O| \leq q \leq |O|$

$\log_2 |S| \leq r \leq |S|$

の範囲で決めることができる．以下，入力アルファベットの要素に対応する 2 値符号を $\boldsymbol{x}$，出力アルファベットの要素に対する符号を $\boldsymbol{z}$，現在の状態に対する符号を $\boldsymbol{y}$，次状態に対する符号を $\boldsymbol{Y}$ で表す．記憶素子として 6.3 節で学習したマスタースレーブフリップフロップを用いるとすると，図 9.2 の組合せ論理回路で計算すべき論理関数は

$\boldsymbol{Y} = f(\boldsymbol{y}, \boldsymbol{x})$　状態遷移関数

$\boldsymbol{z} = g(\boldsymbol{y}, \boldsymbol{x})$　出力関数

となる．また，この順序回路の動作は，内部状態を記憶するフリップフロップをはじめ，入力や出力もフリップフロップに入力されるクロック信号によって離散化（同期）されていることに注意しておこう．この時点で順序回路の設計は，組合せ論理回路の設計に帰着する．

具体的な例として，7 章で取り上げた 200 円の商品の自動販売機 M_1 を順序回路として実現してみよう（図 9.3）．入力アルファベットは $\{\phi, 50 \text{円硬貨}, 100 \text{円硬貨}\}$ であり，$1 < \log_2 3 < 2$

9. 同期式順序回路の設計

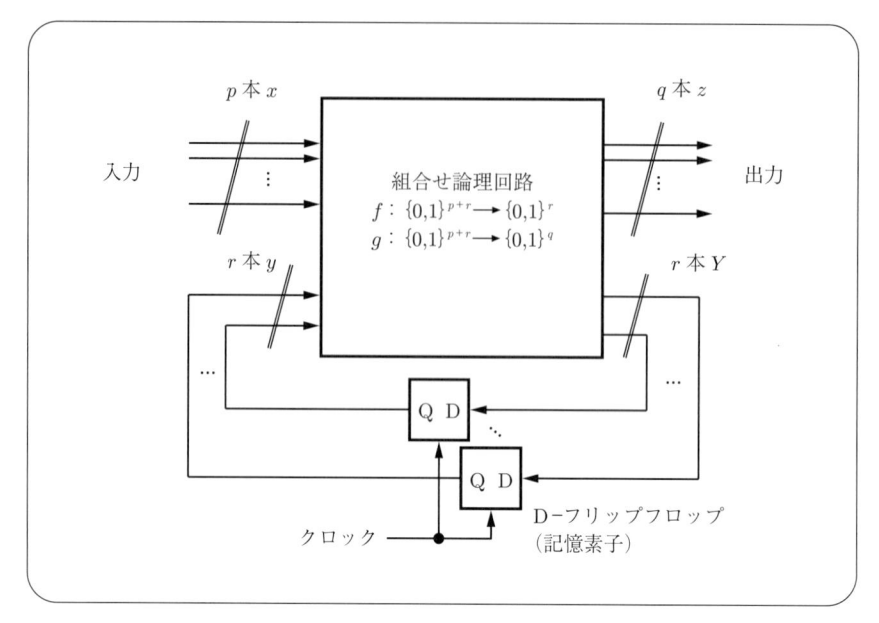

図 9.2 順序回路の構成

図 9.3 200 円の商品の自動販売機 M_1

$M_1 = (I, O, S, \delta, \lambda)$
 $I = \{\phi, 50\,\text{円硬貨}, 100\,\text{円硬貨}\}$
 $O = \{\phi, 商品, 商品 + 釣銭\}$
 $S = \{0\,\text{円}, 50\,\text{円}, 100\,\text{円}, 150\,\text{円}\}$
 $\delta : S \times I \to S$
 $\lambda : S \times I \to O$

入力 状態	ϕ	50 円硬貨	100 円硬貨
0 円	0 円/ϕ	50 円/ϕ	100 円/ϕ
50 円	50 円/ϕ	100 円/ϕ	150 円/ϕ
100 円	100 円/ϕ	150 円/ϕ	0 円/商品
150 円	150 円/ϕ	0 円/商品	0 円/商品 + 釣銭

であるから，少なくとも長さ 2 の符号が必要である．簡単な 2 値符号化として，図 9.4 のように 2 ビットを用いた最短符号と 3 ビットを用いた one-hot 符号（各要素に 2 値ベクトルの要素を対応させ，そのビットだけを 1 とすることで集合の要素を表すため one-hot，すなわち 1 つだけ 1（hot）である）を考える．

もちろん，2 ビットの最短符号化もアルファベット内の要素と 2 値符号の対応で，このほかのいろいろな符号化も可能である．出力アルファベットは，$\{\phi, 商品, 商品 + 釣銭\}$ であるので，やはり少なくとも 2 ビットの符号が必要である．図 9.5 に 2 ビットの最短符号化の例と 3 ビットの one-hot 符号の例を示す．

状態集合は 4 つの状態からなるので，$2 = \log_2 4$ であるので 2 ビットが最短符号として必要である．図 9.6 に最短符号化の例と one-hot 符号の例を示す．これらの 2 値符号化を符号

9.1 有限状態機械の順序回路による実現

	最短符号		one-hot 符号		
入力アルファベット I	x_0	x_1	x_0	x_1	x_2
ϕ	0	0	1	0	0
50 円硬貨	0	1	0	1	0
100 円硬貨	1	0	0	0	1

図 9.4 入力アルファベットの 2 値符号化

	最短符号		one-hot 符号		
出力アルファベット O	z_0	z_1	z_0	z_1	z_2
ϕ	0	0	1	0	0
商品	0	1	0	1	0
商品+釣銭	1	1	0	0	1

図 9.5 3 ビット one-hot 符号例

	最短符号		one-hot 符号			
状態集合 S	y_0	y_1	y_0	y_1	y_2	y_3
0 円	0	0	1	0	0	0
50 円	0	1	0	1	0	0
100 円	1	0	0	0	1	0
150 円	1	1	0	0	0	1

図 9.6 最短符号化と one-hot 符号例

割当とも呼ぶ．

次に，これらの符号割当を利用して状態遷移関数と出力関数を論理関数として表す．ここでは，符号割当として図 9.4 から図 9.6 で示した最短符号化の例を用いることにする．最短符号化を用いるのは，論理変数の数が少なくなるので論理関数が簡単になることを期待するからである（必ずしも論理関数が簡単になって組合せ論理回路の素子数が少なくなることが

保証されるわけではない).

最短符号化の符号割当を用いて図9.3の状態遷移表を書き直すと，**図9.7**のようになる.

y_0y_1 \ x_0x_1	0 0	0 1	1 1	1 0
0 0	0 0/0 0	0 1/0 0	* */* *	1 0/0 0
0 1	0 1/0 0	1 0/0 0	* */* *	1 1/0 0
1 1	1 1/0 0	0 0/0 1	* */* *	0 0/1 1
1 0	1 0/0 0	1 1/0 0	* */* *	0 0/0 1

各カラムの要素は Y_0Y_1/z_0z_1 を表す

図 9.7　状態遷移関数と出力関数

y_0y_1 \ x_0x_1	0 0	0 1	1 1	1 0
0 0	0	0	*	1
0 1	0	1	*	1
1 1	1	0	*	0
1 0	1	1	*	0

$Y_0 = x_0y_0' + x_0'x_1'y_0 + x_1y_0'y_1 + x_1y_0y_1'$

(a)

y_0y_1 \ x_0x_1	0 0	0 1	1 1	1 0
0 0	0	1	*	0
0 1	1	0	*	1
1 1	1	0	*	0
1 0	0	1	*	0

$Y_1 = x_1y_1' + x_0'x_1'y_1 + x_0y_0'y_1$

(b)

y_0y_1 \ x_0x_1	0 0	0 1	1 1	1 0
0 0	0	0	*	0
0 1	0	0	*	0
1 1	0	0	*	1
1 0	0	0	*	0

$z_0 = x_0y_0y_1$

(c)

y_0y_1 \ x_0x_1	0 0	0 1	1 1	1 0
0 0	0	0	*	0
0 1	0	0	*	0
1 1	0	1	*	1
1 0	0	0	*	1

$z_1 = x_0y_0 + x_1y_0y_1$

(d)

図 9.8　変数ごとにカルノー図で表した論理関数

ここで，入力 $(x_0, x_1) = (1,1)$ に対しては対応する入力記号がないため，この列に対する次状態 (Y_0, Y_1) と出力 (z_0, z_1) の値は，適当に決めてよい（論理関数における don't care に当たる）ことになる．

これらの論理関数を変数ごとにカルノー図で表すと，図 9.8 の (a)〜(d) となる．すなわち，以下の論理式を実現する組合せ論理回路を構成すればよい．

$$Y_0 = x_0 y_0' + x_0' x_1' y_0 + x_1 y_0' y_1 + x_1 y_0 y_1'$$

$$Y_1 = x_1 y_1' + x_0' x_1' y_1 + x_0 y_0' y_1$$

$$z_0 = x_0 y_0 y_1$$

$$z_1 = x_0 y_0 + x_1 y_0 y_1$$

すなわち，図 9.9 のような順序回路を実現することで，200 円の自動販売機 M_1 を論理回路として実現することができる．

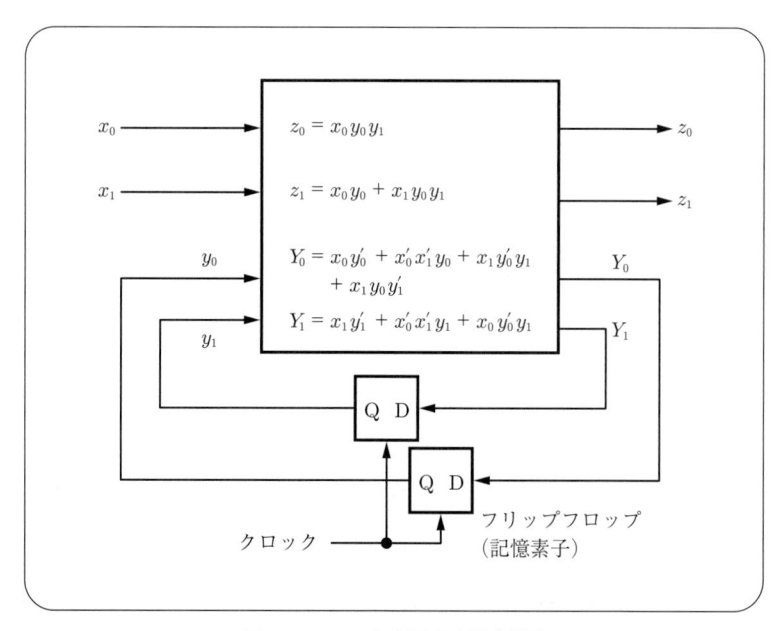

図 9.9　M_1 を実現する順序回路

符号割当を変えたら，順序回路の組合せ回路部分の構成も当然変わってくる．例えば，状態集合の符号割当を図 9.10 のように一部を変更してみる．状態遷移関数と出力関数は図 9.11 のようになり，変数ごとのカルノー図は図 9.12 の (a)〜(d) のようになる．

$$Y_0 = x_0' x_1' y_0 + x_1 y_1 + x_0 y_0'$$

$$Y_1 = x_0' x_1' y_1 + x_1 y_0' + x_0 y_0' y_1'$$

$$z_0 = x_0 y_0 y_1'$$

	最短符号	
状態集合 S	y_0	y_1
0 円	0	0
50 円	0	1
100 円	1	1
150 円	1	0

図 9.10 一部変更した符号割当

$y_0y_1 \backslash x_0x_1$	0 0	0 1	1 1	1 0
0 0	0 0/0 0	0 1/0 0	* */* *	1 1/0 0
0 1	0 1/0 0	1 1/0 0	* */* *	1 0/0 0
1 1	1 1/0 0	1 0/0 0	* */* *	0 0/0 1
1 0	1 0/0 0	0 0/0 1	* */* *	0 0/1 1

図 9.11 図 9.10 の場合の状態遷移関数と出力関数

$z_1 = x_0\,y_0 + x_1\,y_0\,y_1'$

このように，状態割当は最終的な順序回路の構造に大きな影響を与える．どのような状態割当が最終的な回路の素子数を小さくできるかは，簡単には予測できない．

$y_0y_1 \backslash x_0x_1$	0 0	0 1	1 1	1 0
0 0	0	0	*	1
0 1	0	1	*	1
1 1	1	1	*	0
1 0	1	0	*	0

$Y_0 = x_0'\,x_1'\,y_0 + x_1\,y_1 + x_0\,y_0'$

(a)

$y_0y_1 \backslash x_0x_1$	0 0	0 1	1 1	1 0
0 0	0	1	*	1
0 1	1	1	*	0
1 1	1	0	*	0
1 0	0	0	*	0

$Y_1 = x_0'\,x_1'\,y_1 + x_1\,y_0' + x_0\,y_0'\,y_1'$

(b)

	0 0	0 1	1 1	1 0
x_0x_1 \ y_0y_1				
0 0	0	0	*	0
0 1	0	0	*	0
1 1	0	0	*	0
1 0	0	0	*	1

$z_0 = x_0 y_0 y_1'$

(c)

	0 0	0 1	1 1	1 0
x_0x_1 \ y_0y_1				
0 0	0	0	*	0
0 1	0	0	*	0
1 1	0	0	*	1
1 0	0	1	*	1

$z_1 = x_0 y_0 + x_1 y_0 y_1'$

(d)

図 9.12 符号割当を変更した場合のカルノー図で表した論理関数

9.2 同期式順序回路の設計手法

これまで学んできた順序回路の設計手法をまとめて，入力や出力を含めた順序機械としての動作の時間の離散化を規定するクロック信号の設計までも含めた，**同期式順序回路**（synchronous sequential circuit）の設計手法をまとめてみよう．設計手順は下記のようになる．

1) 問題の理解と有限状態機械の定義
2) 状態数の最小化
3) 符号割当（入力，出力，状態集合）
4) 状態遷移関数と出力関数の設計
5) 組合せ回路の設計と順序回路の構成
6) クロック信号の設計

この手順を，具体的な例を通してまとめてみよう．

1) 問題の理解と有限状態機械の定義

まず，与えられた実現すべき計算を有限状態機械として定式化する．すなわち，有限状態機械 M を構成する．

$$M = (I, O, S, \delta, \lambda)$$

　　I：入力アルファベット（入力記号の集合）

O：出力アルファベット（出力記号の集合）

S：状態集合

$\delta : S \times I \to S$：状態遷移関数　$s(t+1) = \delta(s(t), i(t))$

$\lambda : S \times I \to O$：出力関数　$o(t) = \lambda(s(t), i(t))$

ここでは，Mealy 型を考える．以下のような例題を考えよう．

例題：連続して入力される 0 と 1 の系列に対して，3 個連続する 0 または 1 を検出する回路を設計せよ．

これは，0 と 1 からなる信号系列が入力されたときに，続けて同じアルファベット（0 か 1）が 3 個入力された直後に検出信号を出す順序回路を設計せよという問題である．この例題に対し，区別すべき内部状態を考えると状態集合は 5 状態となり，図 9.13 のような系列検出器に対応する有限状態機械が設計できる．

$M = (I, O, S, \delta, \lambda)$

$I = \{0, 1\}$

$O = \{\phi, D\}$　　D は検出したことを表す信号

$S = \{s_0, s_1, s_2, s_3, s_4\}$

$M = (\boldsymbol{I}, \boldsymbol{O}, \boldsymbol{S}, \boldsymbol{\delta}, \boldsymbol{\lambda})$
$I = \{0, 1\}$
$O = \{\phi, D\}$
$S = \{s_0, s_1, s_2, s_3, s_4\}$

状態＼入力		0	1
最初の状態	s_0	s_1/ϕ	s_3/ϕ
0 が 1 つ入力	s_1	s_2/ϕ	s_3/ϕ
0 が 2 つ連続入力	s_2	s_2/D	s_3/ϕ
1 が 1 つ入力	s_3	s_1/ϕ	s_4/ϕ
1 が 2 つ連続入力	s_4	s_1/ϕ	s_4/D

図 9.13　系列の検出器

2) 状態数の最小化

もし，1) の段階で，図 9.14 のように 7 状態の有限順序回路を設計してしまった場合でも，状態数最小化の手順を踏めば，状態 s_2 と s_3 及び s_5 と s_6 は等価な状態であることがわかり，一意に図 9.13 の 5 状態の状態数最小の機械を得ることができる．

3) 符号割当（入力，出力，状態集合）

次に，入力アルファベット，出力アルファベット，状態集合の各要素を 2 値符号で表現す

9.2 同期式順序回路の設計手法　93

	0	1
s_0	s_1/ϕ	s_4/ϕ
s_1	s_2/ϕ	s_4/ϕ
s_2	s_3/D	s_4/ϕ
s_3	s_3/D	s_4/ϕ
s_4	s_1/ϕ	s_5/ϕ
s_5	s_1/ϕ	s_6/D
s_6	s_1/ϕ	s_6/D

s_1	$s_1 \bowtie s_2$					
s_2	×	×				
s_3	×	×	○			
s_4	$s_4 \bowtie s_5$	$s_1 \bowtie s_2$ / $s_4 \bowtie s_5$	×	×		
s_5	×	×	×	×	×	
s_6	×	×	×	×	×	○
	s_0	s_1	s_2	s_3	s_4	s_5

$s_2 \equiv s_3$, $s_5 \equiv s_6$ なので5状態になる

図 9.14　7状態の機械の状態数最小化

る．例題に対して，以下のように符号割当をしてみよう．

$I = \{0,1\}$　このまま x として符号化

$O = \{\phi, D\}$　ϕ を0，D を1で符号化

$S = \{s_0, s_1, s_2, s_3, s_4\}$　図 9.15 のように符号化

この符号割当には自由度が大きく，この後の組合せ回路や順序回路の構成に大きな影響を与える．

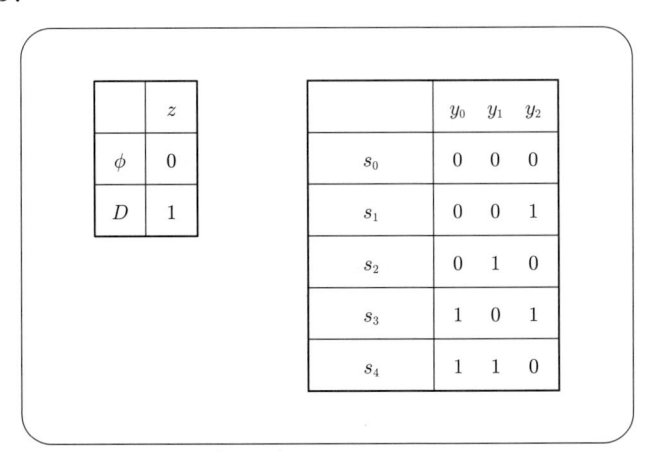

	z
ϕ	0
D	1

	y_0	y_1	y_2
s_0	0	0	0
s_1	0	0	1
s_2	0	1	0
s_3	1	0	1
s_4	1	1	0

図 9.15　符号割当

4) 状態遷移関数と出力関数の設計

有限状態機械の状態遷移関数と出力関数を符号割当の符号を使って書き直すと，それぞれの関数は論理関数となる．検出器については，図 9.16 のようになる．

9. 同期式順序回路の設計

x \ $y_0 y_1 y_2$	0	1
0 0 0	0 0 1 / 0	1 0 1 / 0
0 0 1	0 1 0 / 0	1 0 1 / 0
0 1 0	0 1 0 / 1	1 0 1 / 0
1 0 1	0 0 1 / 0	1 1 0 / 0
1 1 0	0 0 1 / 0	1 1 0 / 1

xy_0 \ $y_1 y_2$	00	01	11	10
00	0	0	*	0
01	*	0	*	0
11	*	1	*	1
10	1	1	*	1

$Y_0 = x$

xy_0 \ $y_1 y_2$	00	01	11	10
00	0	1	*	1
01	*	0	*	0
11	*	1	*	1
10	0	0	*	0

$Y_1 = xy_0 + x'y_0'y_2 + x'y_0'y_1$

xy_0 \ $y_1 y_2$	00	01	11	10
00	1	0	*	0
01	*	1	*	1
11	*	0	*	0
10	1	1	*	1

$Y_2 = x'y_0 + xy_0' + y_1'y_2'$

xy_0 \ $y_1 y_2$	00	01	11	10
00	0	0	*	1
01	*	0	*	0
11	*	0	*	1
10	0	0	*	0

$z = xy_0 y_1 + x'y_0' y_1$

図 9.16 論 理 関 数 の 設 計

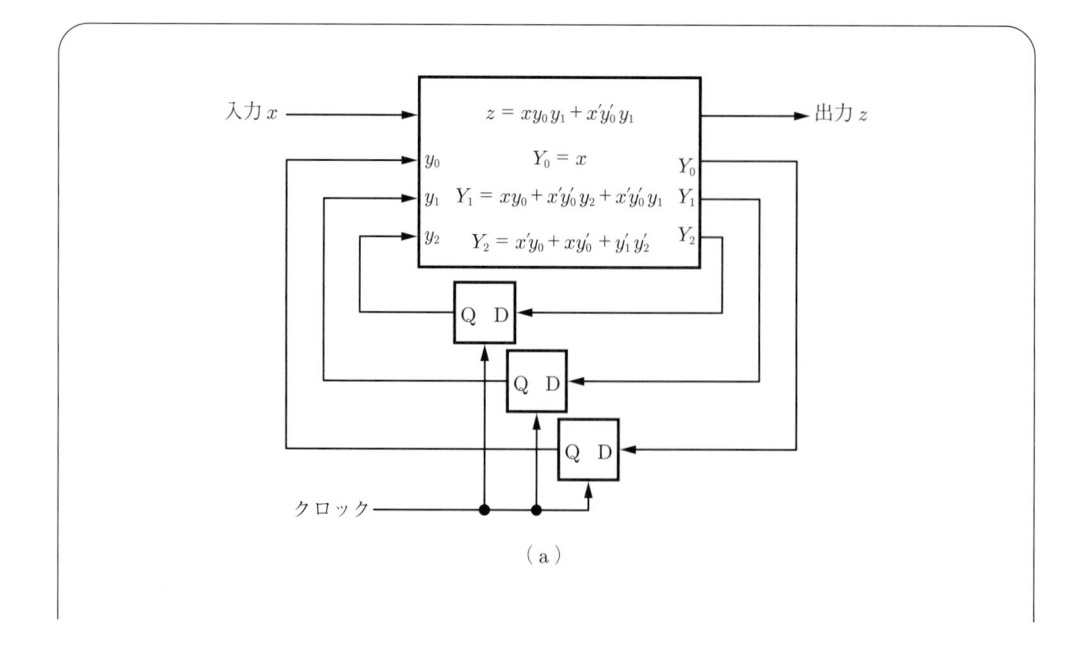

(a)

[図: 順序回路の構成(b) — 出力 $z = xy_0y_1 + x'y_0'y_1$、$Y_1 = xy_0 + x'y_0'y_2 + x'y_0'y_1$、$Y_2 = x'y_0 + xy_0' + y_1'y_2'$]

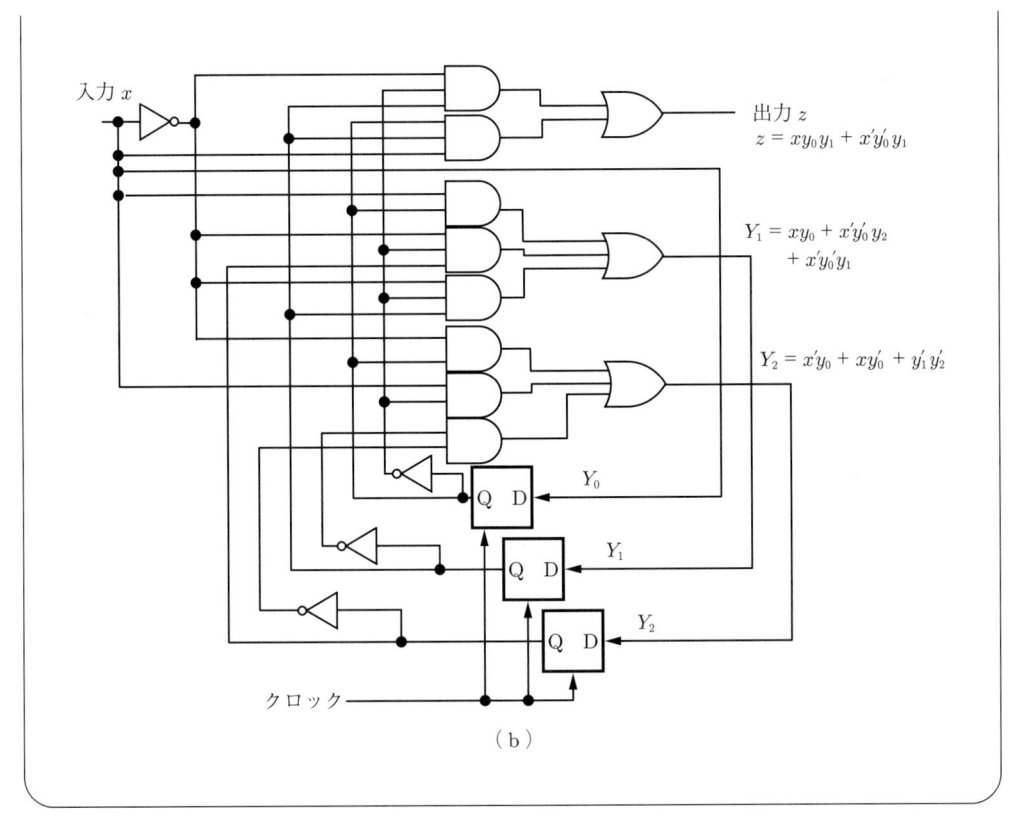

図 9.17 順序回路の構成

5) 組合せ回路の設計と順路回路の構成

4) で設計した論理関数を組合せ論理回路として実現し，フリップフロップと組み合わせて順序回路を構築する．例題に対しては，図 **9.17**(a) のようになる．具体的に組合せ回路部分を論理素子を用いて構成すると，図 (b) のような回路が得られる．

6) クロック信号の設計

最後に，フリップフロップに加えるクロック信号の周期を設計する．実現する有限状態機械の動作は，離散的に定義された時刻 t を前提としている．すなわち，入力はこの離散的な時刻ごとに入力され，機械の出力もこの時刻ごとに出力される．順序回路では，この時刻を周期が一定の論理値 0 と 1 の繰返しパターンであるクロック信号で実現する．図 **9.18** にクロック信号と時刻の関係を示す．

有限状態機械の入力や出力も時刻によってタイミングが定義されるので，順序回路の入力や出力もクロックに同期して変化するように設計される．具体的には図 **9.19** に示すように，順序回路の入力や出力も内部状態を表すフリップフロップと同じクロック信号に同期して変化するように設計する．同期式順序回路と呼ぶのはこのためである．

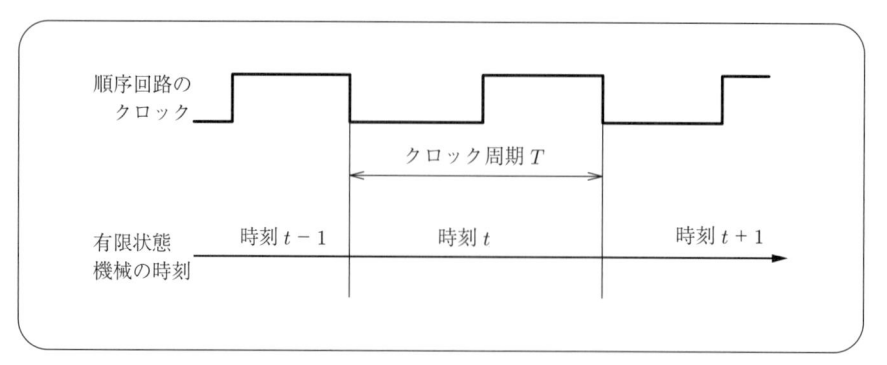

図 9.18 クロックと時刻の関係

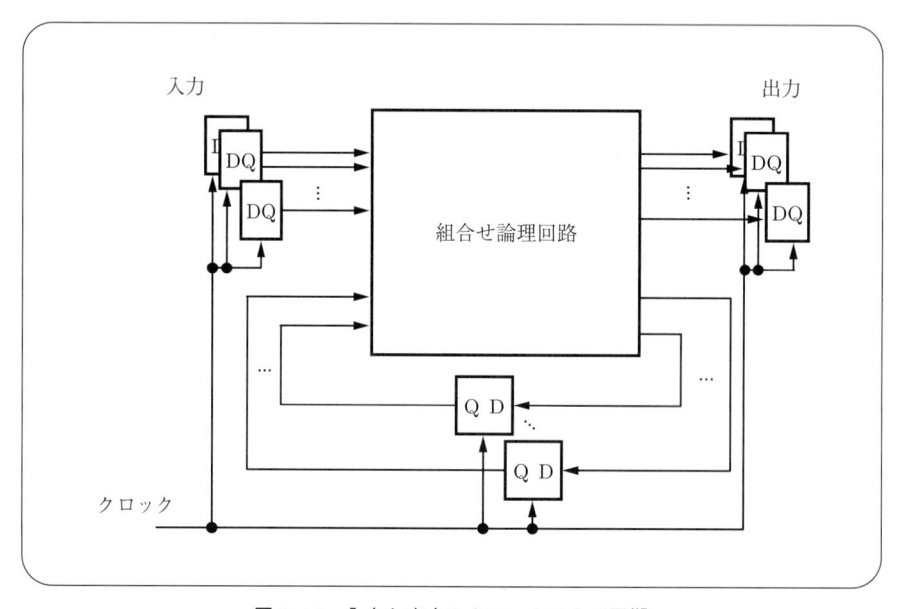

図 9.19 入力と出力のクロックによる同期

有限状態機械の時刻の単位は，どのように決まるのであろうか．多くの場合，外部から入力される信号の時間的な制約が機械の時刻の最小単位を決める．例えば，自動販売機の場合，利用者が貨幣を投入する間隔や選択ボタンを押すタイミング等に対して，十分に短い周期の時刻の最小単位が必要である．例題の系列検出器については，入力される記号系列の周期が自動的にクロック周期となる．それでは，入力される信号の間隔をどんどん短くできる場合は，クロック周期はそれに合わせていくらでも小さくできるのだろうか．

6章で学んだフリップフロップの動作をもう一度見てみよう．フリップフロップの入力とクロック，そして出力の関係は**図 9.20**に示している．出力は，クロックの変化（1から0への変化）の時点での入力の値を保持する．このとき，クロックの変化の時点の前後では，入力は同じ値を取っている必要がある．すなわちクロックの変化の直前，時間 d_2 の区間と直後 d_1 の区間では入力は変化しないことが，フリップフロップが正しく動作するための条件となる．

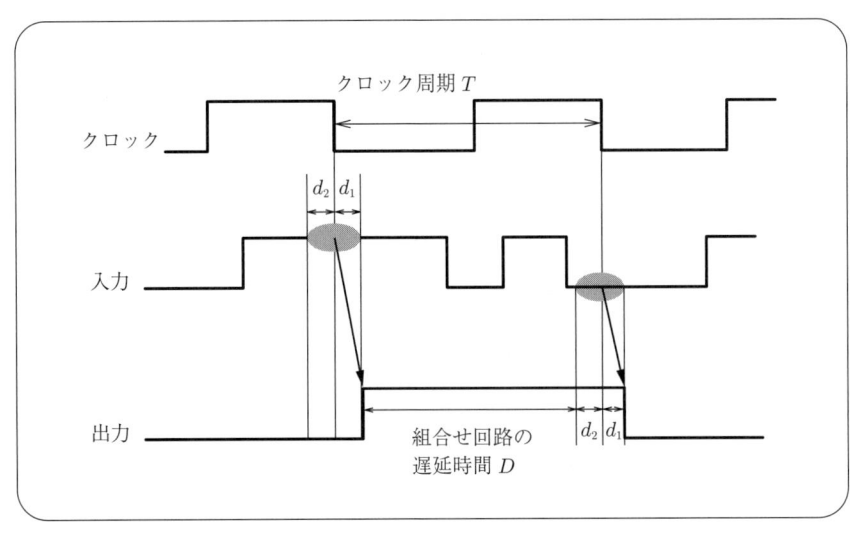

図 9.20 フリップフロップの動作

図 9.21 に，図 9.19 のフリップフロップと組合せ論理回路の関係の一部を取り出している．この図からわかるように，組合せ論理回路の遅延時間 D と d_1 及び d_2 を加えた値よりクロック周期 T は長くなければ，組合せ論理回路の計算の最終結果を正しくフリップフロップ 2 が取り込むことができない．すなわち

$$D + d_1 + d_2 < T \tag{9.1}$$

が成立することが，順序回路を正しく動作させるための条件となる．この式 (9.1) が，順序回路の動作速度を規定する大きな制約となる．

d_1：クロック変化後にデータが安定していなければならない時間
d_2：クロック変化前にデータが安定していなければならない時間
D：組合せ回路の遅延時間
T：クロック周期

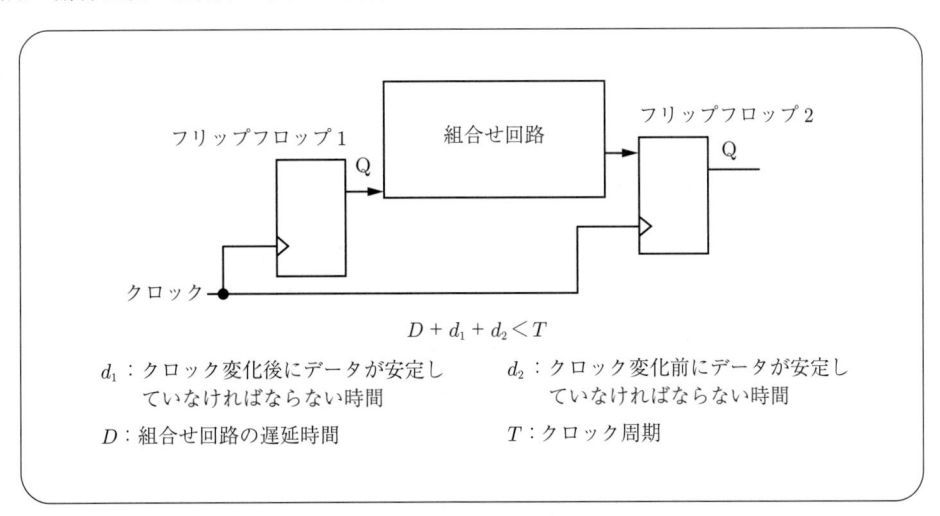

図 9.21 遅延時間とクロック周期

例題の系列検出器の回路の場合，各論理素子の遅延を，インバータが 2 ns，2 入力素子 3 ns，3 入力素子 4 ns，フリップフロップの d_1 と d_2 の和を 3 ns と仮定すると，図 9.22 に示すよ

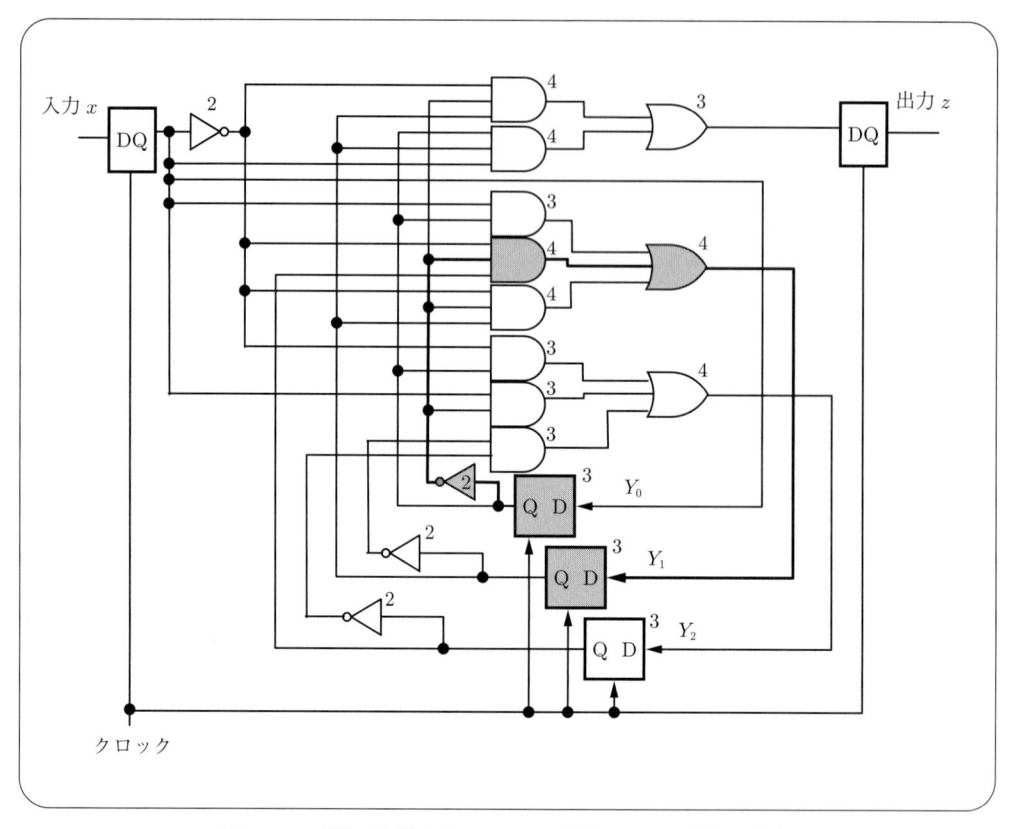

図 9.22 系列検出器（図 9.17）の遅延とクロック周期の決定

うに，Y_0 のフリップフロップから Y_1 のフリップフロップに至る太線で示した経路の遅延が 13 ns となり，すべてのフリップフロップ間の遅延として最も大きなものとなる．また，入力 x から Y_1 に至る経路にも 13 ns のものがあることを確認しよう．よって，式 (9.1) の制約により，この順序回路のクロック周期は 13 ns 以上に設定しなければならない．

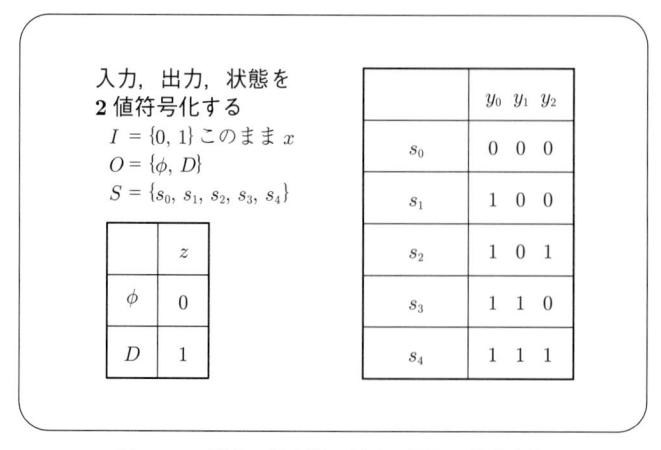

入力，出力，状態を
2 値符号化する
$I = \{0, 1\}$ このまま x
$O = \{\phi, D\}$
$S = \{s_0, s_1, s_2, s_3, s_4\}$

	z
ϕ	0
D	1

	$y_0\ y_1\ y_2$
s_0	0　0　0
s_1	1　0　0
s_2	1　0　1
s_3	1　1　0
s_4	1　1　1

図 9.23 系列の検出器に対する異なる符号割当

ここで，例題に対する状態割当を少し変えてみよう．状態 s_0 は最初の初期状態のみであり，その後，順序機械は状態 s_0 になることはない．すなわち順序機械の最初だけの状態である．このため，状態 s_0 を特別扱いして y_0 で他の状態と区別することにすれば，**図 9.23** のような符号割当が得られる．この符号割当に従って，組合せ論理回路部分を設計すると，**図 9.24** のような論理関数が得られる．

これは，図 9.16 で得られた論理関数に比べると極めて単純なものとなっている．このように，符号割当は論理関数の複雑さに大きな影響を与えることがわかる．順序回路の構成は

入力＼状態	0	1
s_0	s_1/ϕ	s_3/ϕ
s_1	s_2/ϕ	s_3/ϕ
s_2	s_2/D	s_3/ϕ
s_3	s_1/ϕ	s_4/ϕ
s_4	s_1/ϕ	s_4/D

$y_0\ y_1\ y_2$ ＼ x	0	1
0 0 0	100/0	110/0
1 0 0	101/0	110/0
1 0 1	101/1	110/0
1 1 0	100/0	111/0
1 1 1	100/0	111/1

xy_0＼y_1y_2	00	01	11	10
00	1	*	*	*
01	1	1	1	1
11	1	1	1	1
10	1	*	*	*

$Y_0 = 1$

xy_0＼y_1y_2	00	01	11	10
00	0	*	*	*
01	0	0	0	0
11	1	1	1	1
10	1	*	*	*

$Y_1 = x$

xy_0＼y_1y_2	00	01	11	10
00	0	*	*	*
01	1	1	*	*
11	0	0	1	1
10	0	*	*	*

$Y_2 = x'y_0y_1' + xy_1$

xy_0＼y_1y_2	00	01	11	10
00	0	*	*	*
01	0	1	0	0
11	0	0	1	0
10	0	*	*	*

$z = x'y_1'y_2 + xy_1y_2$

図 9.24 論 理 関 数 の 設 計

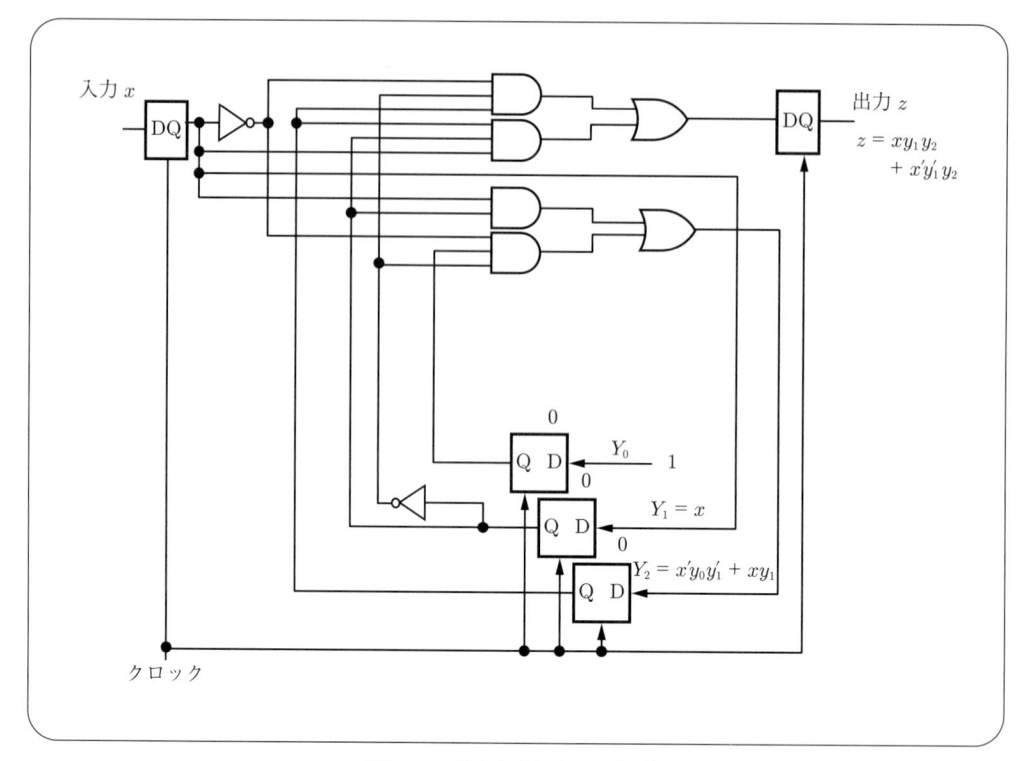

図9.25 順序回路の構成

図 9.25 のようになる.

　図 9.22 の順序回路と図 9.25 の順序回路を比べてみよう. **表 9.1** に示すように，組合せ回路を構成する論理素子は新しい符号割当を採用すると半数になっている．また，クロック周期も短くすることができる．このように，符号割当をはじめ設計の工夫をすることで，最終的に得られる順序回路のコスト（使う素子の数）や性能（最小のクロック周期）を改善することができる．

☕ 談 話 室 ☕

　設計自動化技術　　実際の順序回路の設計では，設計手法で述べた 6 つの手順をプログラムとして自動的に行えるようした設計自動化ツールを利用する．最終的に得られる順序回路のコストや性能を最適化するためのアルゴリズムが開発されており，順序機械の数学的な定義から自動的にコストが最小あるいは性能が最大になるような回路を自動生成する技術（論理合成技術）が，広く利用されている．

表 9.1 順序回路の比較

	フリップフロップ数	1 入力素子	2 入力素子	3 入力素子	クロック周期
図 9.22 の順序回路	5	4	6	6	13 ns 以上
図 9.25 の順序回路	5	2	3	3	12 ns 以上

9.3 クロック信号の生成

クロック信号の生成は，図 9.26(a) に示すような奇数個のインバータ（左端だけは NAND 素子）からなるループによって簡単に構成できる．図 (b) 左端の NAND ゲートの制御入力はクロックの生成を行うか停止するかを制御するための制御信号であり，制御入力を 1 にしている間は，出力からはこのループ中のインバータの遅延の総数の 2 倍を周期とするクロック信号が出力される．インバータの数を増やすことで，クロックの周期を大きくすることができる．この回路を**リング発信器**（ring oscillator）と呼ぶ．

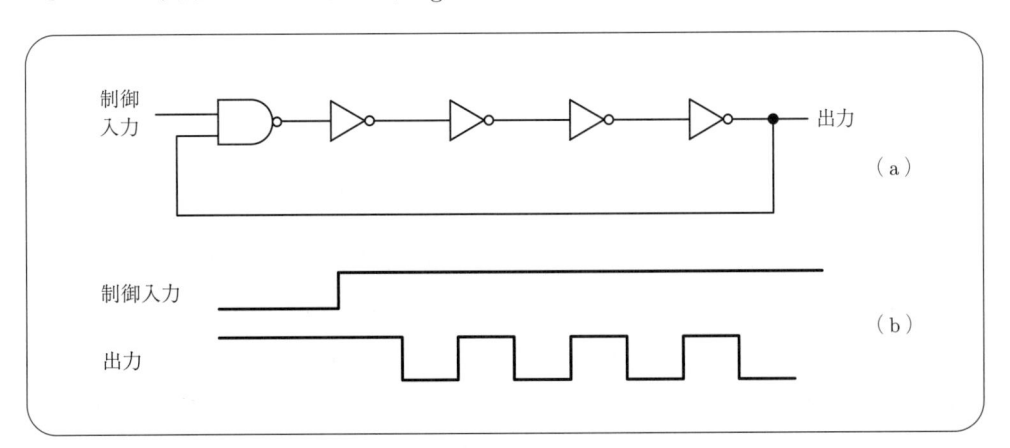

図 9.26 リング発信器によるクロック信号の生成

この回路によって生成されるクロック信号は，温度や電圧によって素子の遅延が変化するので，クロック周期も変化する．通信機器など正確なクロックが要求される場合は，水晶などの補助的な素子を使って，より安定で精度の高い周期をもつクロック信号を作ることができる．

9. 同期式順序回路の設計

与えられた基本クロックの整数倍（n 倍）の周期をもつクロック信号を作りたい場合が，しばしばある．この場合は，順序回路の構成法によって分周器として構成することができる．

基本クロックの周期を n 倍に延ばす分周器 M は，下記のように定義できる．

$$M = (I, O, S, \delta, \lambda)$$

$I : \{0, 1\}$　0 で動作停止，1 で分周機能

$O : \{0, 1\}$　クロック周期 T の n（整数）倍の周期 nT をもつクロック

$S : \{s_0, s_1, s_2, \ldots, s_{n-1}\}$

$\delta : S \times I \to S$　状態遷移関数　図 **9.27** に示す通り

$\lambda : S \to O$　（Moore 型）　状態 s_1 のときのみ出力 1

状態＼入力	0	1
s_0	s_0	s_1
s_1	s_1	s_2
…	…	…
s_{n-1}	s_{n-1}	s_0

$n = 2$ の場合

クロック T

クロック $2T$

Moore 型．出力は s_1 のときのみ 1，それ以外は 0

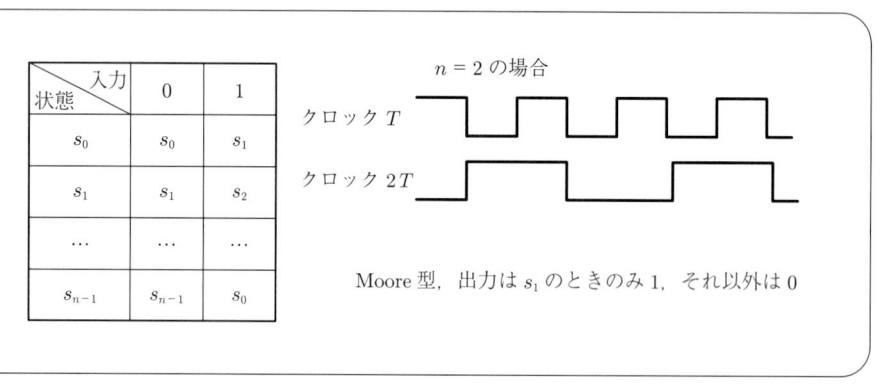

図 **9.27**　分　周　回　路

☕ 談　話　室 ☕

クロック周期の保証　図 9.26 に示したリング発信器によるクロック周期は，リングを構成するインバータや NAND 素子の遅延時間によって決まる．CMOS 論理素子の遅延時間は，温度や電源電圧の影響を受けやすく，室温で一般の利用者が利用する場合，通常の論理回路の構成では数パーセントの変化があり得る．例えば，100 ns の周期のクロック（周波数でいえば 10 MHz）を用いる場合，95 ns から 105 ns の間で変化することを想定しなければならない．

通信機器など，非常に正確なクロック周期を幅広い温度範囲や電源変動の範囲で保証する必要がある場合には，水晶や**位相同期回路**（**PLL**, phase locked loop）などを組み合わせて，周波数の変動を 10^{-6} 程度にまでに押さえることができる．

図 9.27 には，$n = 2$ の場合の出力波形を示している．図 **9.28** に $n = 3$ の場合の設計例を示す．このように，順序回路の設計手法を用いれば，基本クロック周期の任意の倍数の周期をもつクロックを生成することができる．

状態＼入力	0	1
s_0	s_0	s_1
s_1	s_1	s_2
s_2	s_2	s_0

$n = 3$ の場合

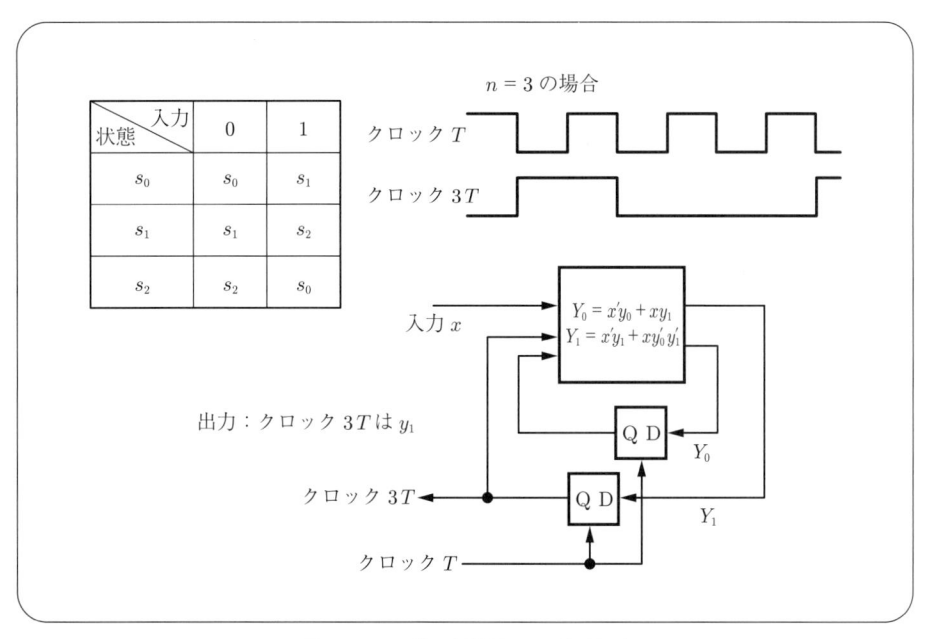

クロック T

クロック $3T$

入力 x

$Y_0 = x'y_0 + xy_1$
$Y_1 = x'y_1 + xy_0'y_1'$

出力：クロック $3T$ は y_1

クロック $3T$

クロック T

図 **9.28** 3 倍の周期をもつ分周回路

本章のまとめ

❶ **問題の理解と有限状態機械の定義**　与えられた問題から，有限状態機械を構成する作業．順序回路の設計だけでなく，プログラムの作成においても基本的な設計過程である．数学的に厳密に設計対象となるシステムを把握することが重要である．

❷ **符号割当**　有限順序機械の入力アルファベット，出力アルファベット，状態集合の各要素を 2 値ベクトルで符号化すること．これにより，次状態関数や出力関数は論理関数として表される．符号割当は自由度が高いが，うまく工夫すると結果として得られる論理関数や論理回路を単純にすることができる．

❸ **同期式順序回路の構成**　入力，出力及び状態を表す 2 値ベクトルの各要素にフリップフロップを割り当て，次状態関数や出力関数を組合せ論理回路で計算することで，順序回路が構成される．すべてのフリップフロップは，単一のクロック

に同期して動作する．

❹ **クロック信号の設計**　組合せ論理回路の遅延時間とフリップフロップの動作を保証するための時間を考慮して，最小のクロック周期が決定される．これによって，順序回路の最高動作速度が決定される．

●理解度の確認●

問 9.1　図 **9.29** の有限状態機械を状態数最小化し，符号割当を行って順序回路として構成せよ．

状態＼入力	$x = 0$	$x = 1$
a	$b/1$	$c/1$
b	$b/1$	$e/1$
c	$f/0$	$a/1$
d	$f/1$	$f/1$
e	$f/0$	$g/1$
f	$e/0$	$h/1$
g	$f/1$	$e/1$
h	$e/1$	$f/1$

図 9.29　有限状態機械

10 算術演算回路

　コンピュータをはじめとするディジタルシステムでは，1章で述べたように2進数表現された各種の情報に対し，種々の算術演算を施して新しい情報を計算する．算術演算の基本は，加減算や乗除算の四則演算である．本章では，これまでの知識を活用して，加算や乗算を行う論理回路の構成について学ぶ．

10.1 加算回路

5章の冒頭で述べたように，2進数の加算回路を組合せ回路で構成するには，加算回路の真理値表から論理式を求め，回路を構成できる．しかし図5.6で示したように，2桁の2進数に対する加算回路（加算器と呼ぶ）は構成できても，32桁や64桁の加算器をこの方法で構成することは困難である．しかし，現在のコンピュータの多くは32桁や64桁の2進数を基本的な情報の単位としている．どうすれば大きな桁数の2進数の加算を行う論理回路を作れるのだろうか？

この問題を解決するために，算術演算のもつ規則性に注目する．7章では加算の規則性に着目して，有限状態機械（図7.8）として任意の桁数の2つの2進数の加算を行える回路を構成できることを示した．図7.9の直列加算器の例を見てみよう．組合せ回路部は，次状態関数と出力関数は，下記の式 (7.3)，(7.4) で表される．

$$c^* = a\,b + b\,c + c\,a \tag{7.3}$$

$$s = a\,b\,c + a'\,b'\,c + a\,b'\,c' + a'\,b\,c' \tag{7.4}$$

c^* は桁上げ信号で c の次の時刻の値 $c(t+1)$ に対応する．この直列加算器は，加数 $(a_{n-1}a_{n-2}\cdots a_1 a_0)$ と被加数 $(b_{n-1}b_{n-2}\cdots b_1 b_0)$ の2つの2進数を下位の桁から順次入力すると，2数の和 $(s_{n-1}s_{n-2}\cdots s_1 s_0)$ を下位の桁から順次出力する．桁数 n は，任意に設定でき，32桁や64桁，あるいは1000桁でも加算できる．ただし，問題は n 桁の加算に n クロックが必要な点である．

32桁や64桁の2進数の加算器を組合せ回路として構成する方法として，この直列加算器の性質を利用することが考えられる．式 (7.3) と (7.4) の論理関数を実現する回路は，1桁の2進数の加算回路として重要であり**全加算器**（full adder：**FA**）と呼ばれる．**図10.1**に全加算器の論理回路としての実現例を示す．また，**図10.2**にCMOS回路としての実現を示す．

この全加算器を用いて，**直列加算器**（serial adder）を構成すると，**図10.3** (a) のようになる．直列加算器の入力は，加数 $(a_{n-1}a_{n-2}\cdots a_1 a_0)$ と被加数 $(b_{n-1}b_{n-2}\cdots b_1 b_0)$ が下位の桁から1クロックごとに順次入力される．直列加算器の全加算器を複数個1列に並べ，最初の全加算器に a_0 と b_0 及び c 入力には 0 を入力すると，和の最下位桁の s_0 が出力される．次の全加算器には a_1 と b_1 及び c 入力には c_0^* を入力すると，s_1 が出力される．同様に，次

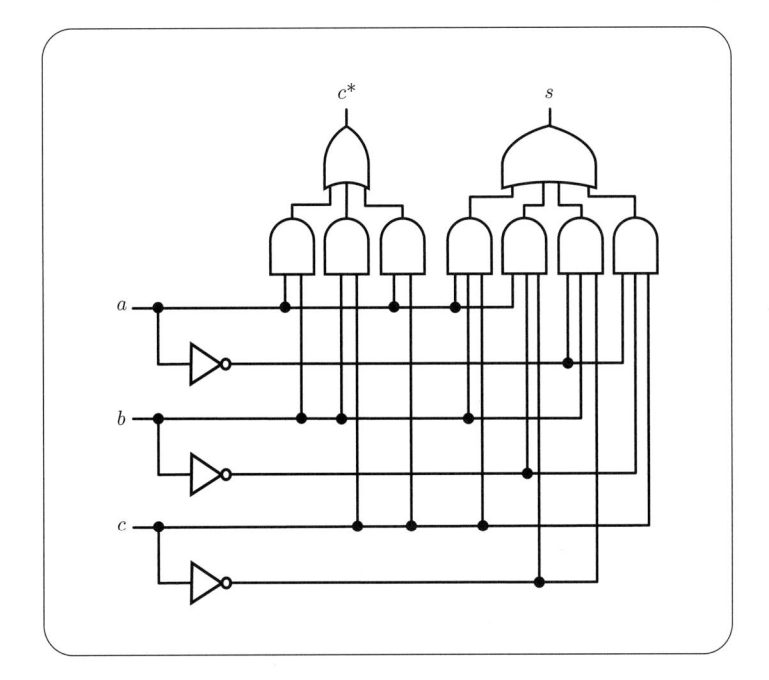

図 10.1 全加算器

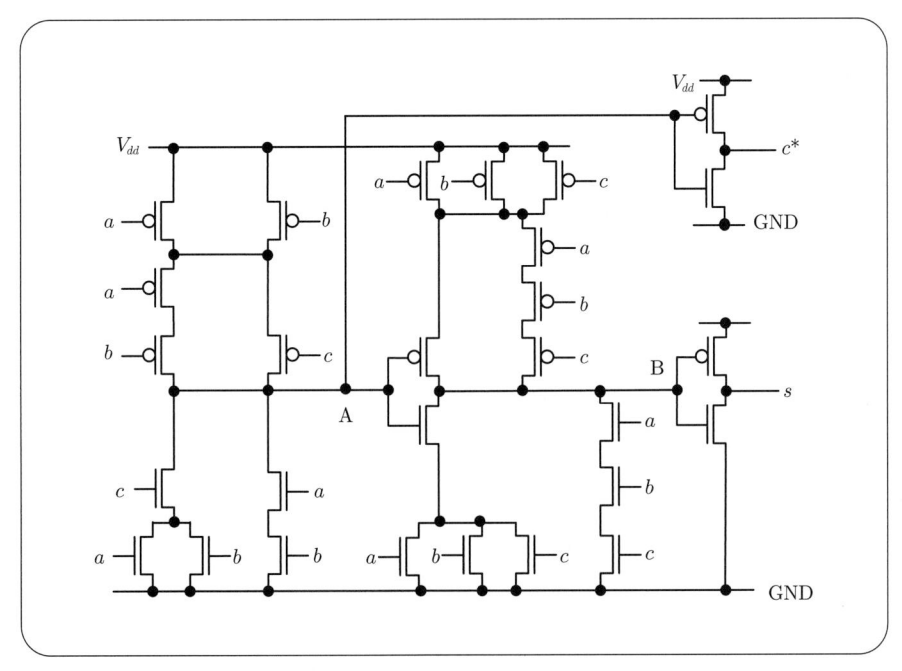

図 10.2 全加算器の CMOS 回路

の全加算器には a_2 と b_2 及び c 入力には c_1^* を入力すると，s_2 が出力される．このようにすれば，n 個の全加算器を並べることで n 桁の加算を並列に計算する組合せ回路（**並列加算器** (parallel adder) と呼ぶ）が構成できる．

10. 算術演算回路

(a) 直列加算器

(b) 4桁の並列加算器

FA : full adder

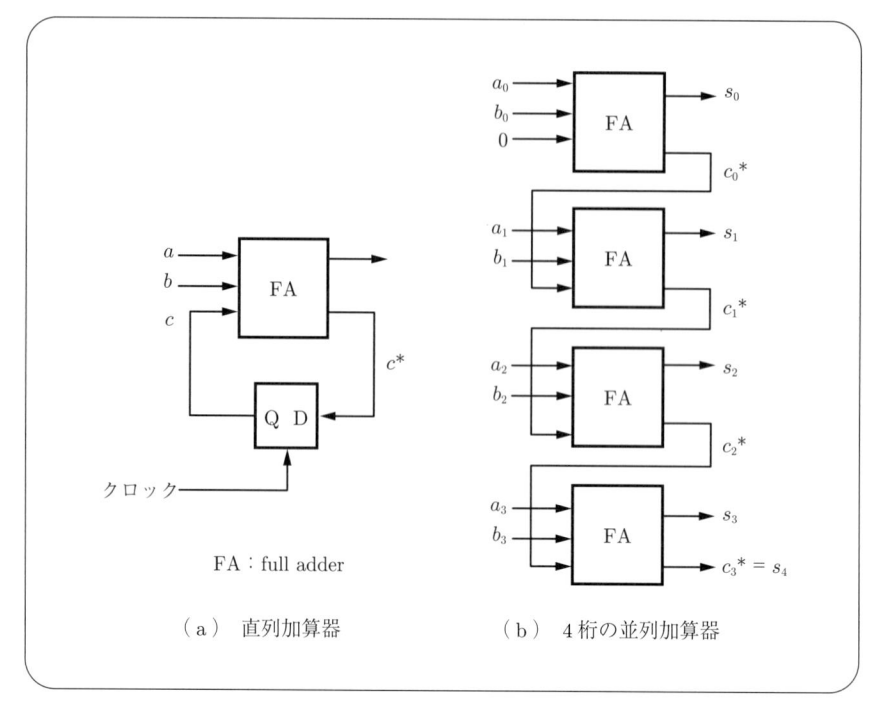

図 10.3 直列加算器から並列加算器へ

図 10.3(b) に 4 桁の並列加算器を示す．この場合，c_3^* は和の 5 桁目 s_4 となる．この構成法で，32 桁や 64 桁の並列加算器でも，32 個あるいは 64 個の全加算器によって容易に構成できる．

このようにして構成した並列加算器においては，和の第 i 桁 s_i は，加数と被加数の第 i 桁 a_i と b_i 及び第 $i-1$ 桁からの桁上げ c_{i-1}^* から，式 (7.4) によって計算される．また，第 i 桁の桁上げ c_i^* は，式 (7.3) によって a_i と b_i 及び c_{i-1}^* から計算される．すなわち，和の各桁 s_i は，下位の桁上げ c_{i-1}^* が決まらないと計算できない．

図 10.4 に示すように，桁上げはずっと下の桁の影響を受けることがある．すなわち，この

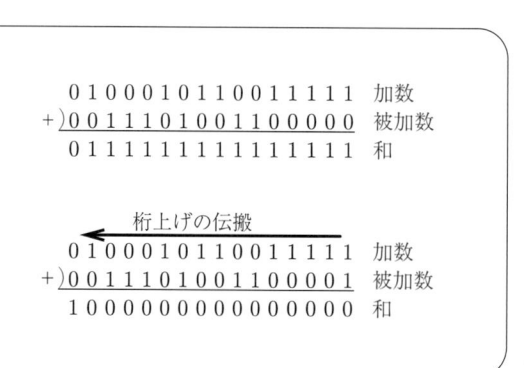

```
  0 1 0 0 0 1 0 1 1 0 0 1 1 1 1 1   加数
+)0 0 1 1 1 0 1 0 0 1 1 0 0 0 0 0   被加数
  0 1 1 1 1 1 1 1 1 1 1 1 1 1 1 1   和

       ←──── 桁上げの伝搬
  0 1 0 0 0 1 0 1 1 0 0 1 1 1 1 1   加数
+)0 0 1 1 1 0 1 0 0 1 1 0 0 0 0 1   被加数
  1 0 0 0 0 0 0 0 0 0 0 0 0 0 0 0   和
```

図 10.4 桁上げの伝搬

並列加算器が和の最上位桁を計算するには，桁数に比例した遅延時間が最悪の場合必要となる．このような性質から，図 10.3 (b) のような並列加算器は**順次桁上げ加算器**（ripple carry adder）と呼ばれる．

談話室

桁上げ先見加算器 32 桁や 64 桁の加算を順次桁上げ加算器を用いて計算すると，遅延時間が大きくなる．高速に和の各桁 s_i を計算するには，各桁への桁上げ $c_{i-1}{}^*$ を早く計算すればよい．このためによく用いられるのが，**桁上げ先見加算器**（carry look-ahead adder）である．

桁上げが発生するのは，ある桁で桁上げが作られる条件とその桁上げが上位桁へ伝搬する条件が成立する場合であり，それを調べればよい．第 j 桁で桁上げが発生する（$c_{j-1}{}^* = 0$ でも $c_j{}^* = 1$ となる）条件は，加数 a_j 及び被加数 b_j の両方が 1 の場合である．また，第 j 桁で下位の桁の桁上げ $c_{j-1}{}^*$ が $c_j{}^*$ 伝搬または発生する（すなわち $c_{j-1}{}^*$ の値に関わらず $c_j{}^* = 1$ となる）条件は，加数 a_j 及び被加数 b_j のいずれか一方が 1 の場合である．ここで

$$g_j = a_j b_j$$
$$p_j = a_j + b_j$$

と表すと，第 i 桁への桁上げ $c_{i-1}{}^*$ は

$$c_{i-1}{}^* = g_{i-1} + g_{i-2} p_{i-1} + g_{i-3} p_{i-2} p_{i-1} + \cdots + g_1 p_2 p_3 \cdots p_{i-2} p_{i-1}$$
$$+ g_0 p_1 p_2 \cdots p_{i-2} p_{i-1} \tag{10.1}$$

と表すことができる．式 (10.1) を AND と OR の木構造で高速に計算することで，桁上げ先見加算器が構成できる．

10.2 乗算回路

乗算は，被乗数を乗数の回数だけ加算することで実現できる．2 進数の場合，乗数の各桁は，1 倍，2 倍，4 倍と第 i 桁は 2^i 倍に対応する．しかも，被乗数の 2 倍は 1 桁，4 倍は 2 桁，

10. 算術演算回路

2^i 倍は i 桁左方向に桁をずらすことで作れる．例えば，2 進数 (0 1 1 0) は 10 進数の 6 に対応するが，2 進数 (0 1 1 0 0) は 10 進数の 12，2 進数 (0 1 1 0 0 0) は 10 進数の 24 に対応する．このような性質を利用すれば，図 10.5 に示すように，2 進数の乗算は，被乗数の 2^i 倍を，乗数の第 i 桁目が 1 の場合のみ加算すればよい．

```
       0 1 1 0    被乗数
    ×) 1 1 0 1    乗数
       0 1 1 0
       0 0 0 0
       0 1 1 0
       0 1 1 0
    ───────────
    1 0 0 1 1 1 0 積
```

図 10.5 2 進数の乗算

この性質を利用すれば，乗数を下位の桁から順番に入力し，乗数の第 i 桁が 0 の場合は加算を行わず（0 を加算する），1 の場合は被乗数の 2^i 倍を加算する順序回路を作ればよいことになる．10.1 節で構成した並列加算器を利用すると，図 10.6 のような順序回路となる．

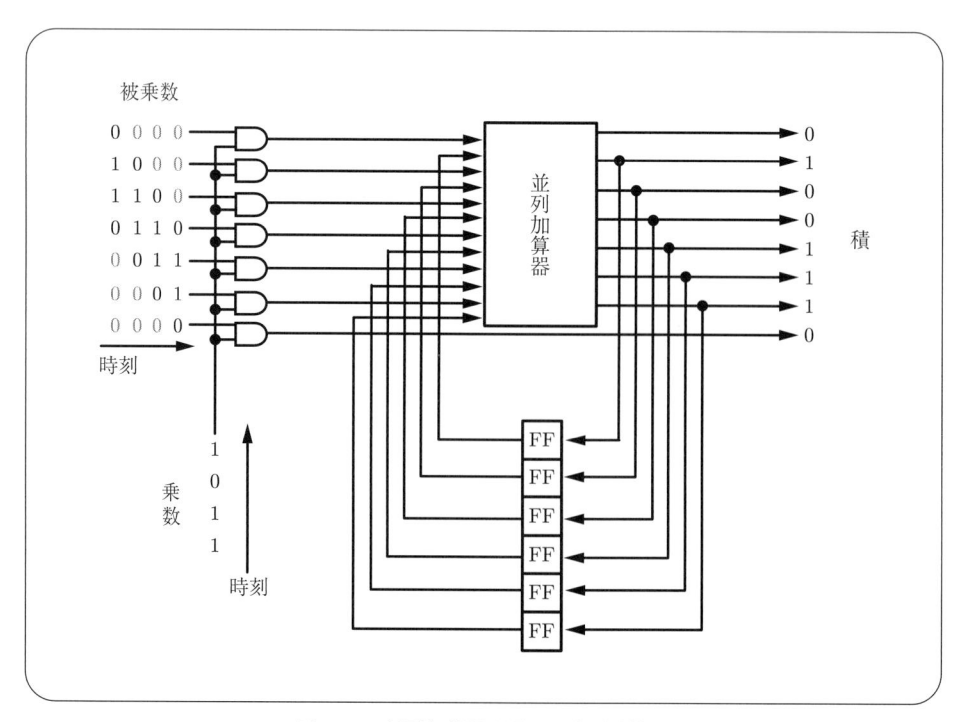

図 10.6 並列加算器を用いた直列乗算器

乗数は下位の桁から1桁ずつ毎時刻入力され，被乗数は並列に各時刻入力される．このとき，時刻iにおいてはi桁分上方にずらしていることに注意していただきたい．すなわち，時刻iにおいて被乗数を2^i倍した数が左側から入力される．各時刻での加算の結果は，下方のフリップフロップに記憶され，次の時刻の加算に用いられる．図10.6のような順序回路による乗算器を**直列乗算器**（serial multiplier）と呼ぶ．

この方法で，32桁でも64桁でも大きな桁数の直列乗算器が構成できる．しかし，直列加算器と同様に，n桁の乗算にはnクロックの時間がかかる．そこで，加算器と同様の考え方で，並列加算器を$n-1$個用意することで，組合せ回路による**並列乗算器**（parallel multiplier）が構成できる．

図10.7に並列乗算器の構成例を示す．ここでは，並列加算器で必ず0を加算する部分は省いており，実質的な加算が行われる桁の部分だけに並列加算器が用意されていることに注意してほしい．

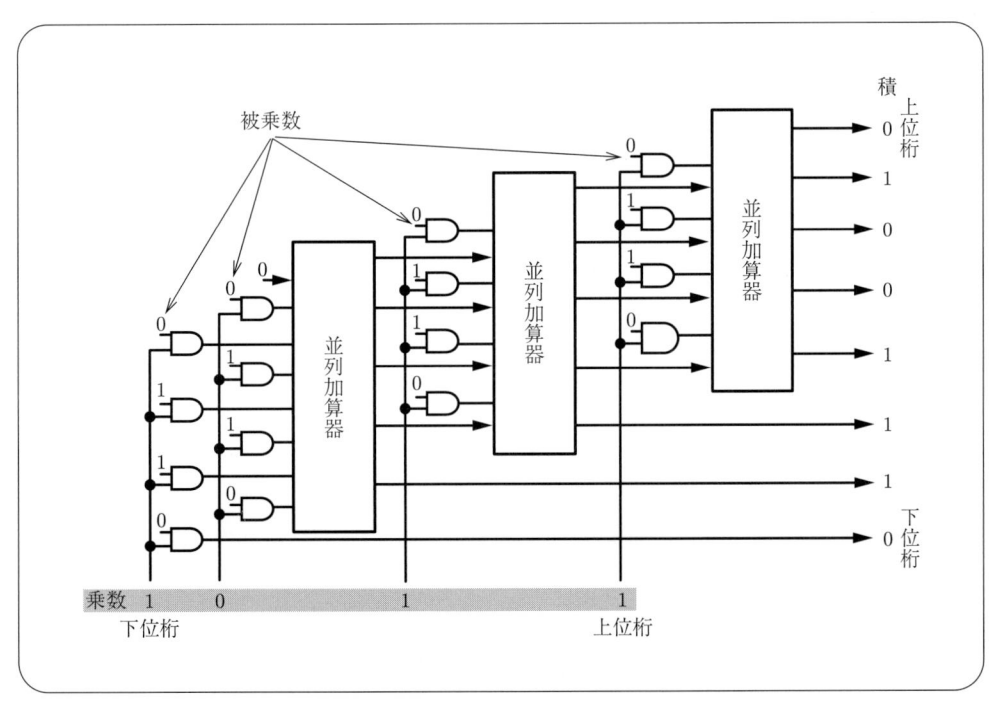

図 10.7　並列乗算器の構成例

図10.7の並列加算器の部分を全加算器を用いた順次桁上げ加算器で構成すると，**図10.8**のようになる．このように，算術演算のもつ規則性をうまく利用すれば，大きな桁数をもつ並列乗算器を構成することができる．

10. 算術演算回路

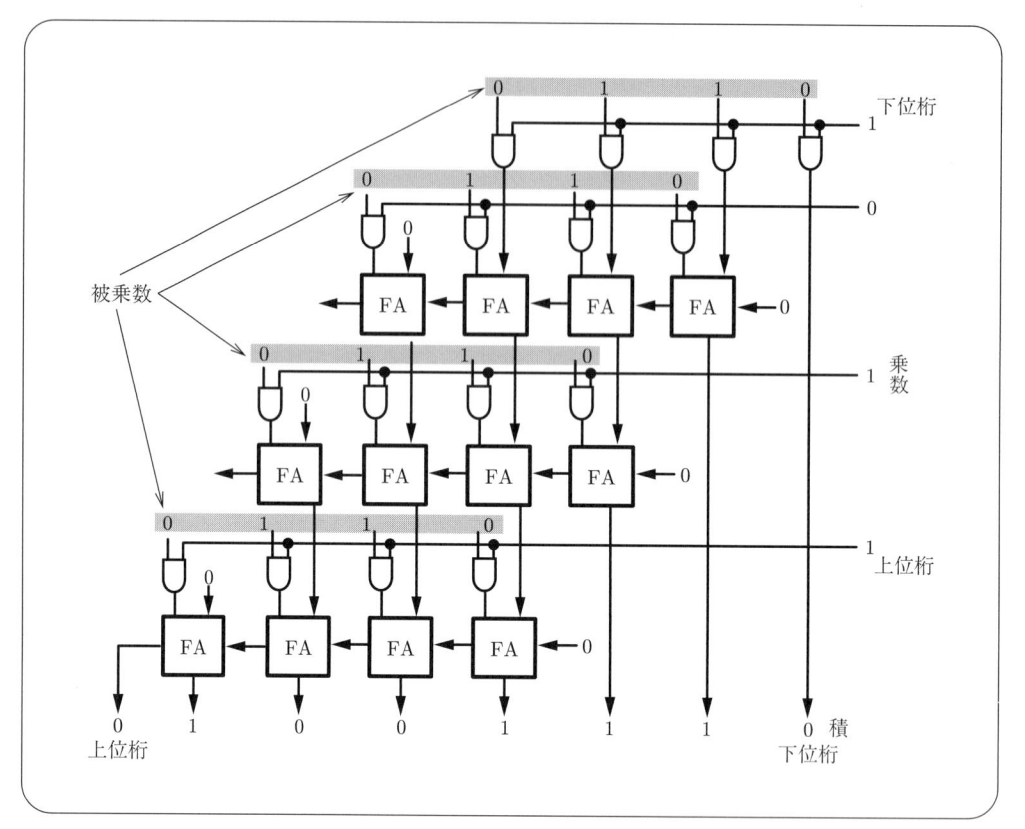

図 10.8　全加算器を用いた並列乗算器

本章のまとめ

❶ **直列加算器**　加数と被加数を下位の桁から1桁ずつ入力し，和の各桁を1クロックごとに出力する2状態の順序回路．組合せ回路部分は全加算器によって実現できる．任意の桁数の加算が可能である．

❷ **並列加算器**　直列加算器の時間的な動きを，複数の全加算器を用意して一度に計算する組合せ回路．桁数に比例した数の全加算器が必要であり，遅延時間も桁数に比例する．高速な加算を行うために，桁上げ情報を先に計算する桁上げ先見加算器もある．

❸ **直列乗算器**　並列加算器を用いて，1クロックごとに被乗数を加算していく順序回路．桁数に比例したクロック数で乗算ができる．

❹ **並列乗算器** 直列乗算器の時間的な動きを，複数の並列加算器を並べて計算する組合せ回路による乗算器．規則正しい全加算器の配列として実現できる．

──●理解度の確認●──

問 10.1 図 10.2 の CMOS 回路が全加算器を実現していることを確認せよ．

問 10.2 図 10.6 の直列乗算器が図に示した乗数と被乗数に対し，乗算を行うときの各フリップフロップの値をクロックごとに示せ．

問 10.3 図 10.8 の並列乗算器が図に示した乗数と被乗数に対し，乗算を行うときの各全加算器の s 出力の値を示せ．

引用・参考文献

　論理回路については古くから多くの名著がある．特に1)は，過去40年以上にわたり，この分野の入門書として多くの研究者や技術者が勉強してきた名著の改訂版である．600ページもあるが，英語も平易で非常に丁寧に説明してあるので，英語の勉強も兼ねてチャレンジしてみる価値はある．2)も世界的に広く使われている教科書である．国内でも，多くの良い教科書がある．ここでは，その例として，3),4),5)を挙げておく．

　これらの本のタイトルにもあるように，論理回路理論，スイッチング理論，ディジタル設計，順序機械論，有限状態機械（Finite Automata または Finite State Machine）などいろいろな用語が本のタイトルとしては使われる．更に，論理回路を組み合わせた大規模なディジタルシステム（VLSIなどと呼ばれる）の設計に関しては，1979年に出版された6)が大きく世界観を変えた．現代のディジタル回路設計の基本的な考え方を作った本として，一度は見てほしい．7)はこの路線をさらに充実させた教科書としての名著である．

　最近では，本レクチャーシリーズで8)が出版されている．10章の算術演算回路については，9)に詳しい．それぞれ興味に応じて参照してほしい．

1) Zvi Kohavi and Niraj K. Jha: Switching and Finite Automata Theory, Cambridge University Press (2009)
2) M. Morris Mano: Digital Design; International Version, Person Education (2008)
3) 高木直史：論理回路，昭晃堂 (1997)
4) 坂井修一：論理回路入門，培風館 (2003)
5) 田丸啓吉：論理回路の基礎（改訂版），工学図書 (1989)
6) Carver Mead and Lynn Conway: Introduction to VLSI Systems, Addison-Wesley (1979)
7) Neil H. E. Weste and Kamran Eshraghian 著，富沢　孝，松山泰男 訳：CMOS VLSI 設計の原理–システムの視点から，丸善 (1988)
8) 浅田邦博：集積回路設計，電子情報通信レクチャーシリーズ C–13，コロナ社 (2015)
9) 高木直史：算術演算のVLSIアルゴリズム，並列処理シリーズ 5，コロナ社 (2005)

理解度の確認；解説

(1 章)
- **問 1.1** 音楽情報であれば，昔のレコードやテープレコーダなどのアナログ方式と，CD や MP3 などのディジタル方式の記憶情報の違いを具体的に調べて比較するのがよい．
- **問 1.2** 5桁の2進数で表現するので，32個の2進数が使える．最低温度から最高温度まで $64°$ の差があるので，$2°$ 刻みで符号化すれば，量子化誤差は $1°$ となる．具体的には，$-15°$, $-13°$, $\cdots$, $61°$, $63°$ をそれぞれ32個の異なる2進数に割り当てればよい．

(2 章)
- **問 2.1** それぞれ左辺と右辺の関数の真理値表を構成し，同じになることを確認すればよい．
- **問 2.2** n 変数論理関数の真理値表の行数は，2^n である．各行の関数値は0または1であるので，異なる真理値表は 2^{2^n} 個ある．
- **問 2.3** 和積標準形及び積和標準形は下記の通り．

$$f_1 = x'y'z + x'yz' + x'yz + xyz' + xyz$$
$$= (x+y+z)(x'+y+z)(x'+y+z')$$
$$f_2 = x'y'z' + xy'z' + xy'z$$
$$= (x+y+z')(x+y'+z)(x+y'+z')(x'+y+z)(x'+y'+z')$$
$$f_3 = x'y'z + x'yz' + xy'z' + xyz$$
$$= (x+y+z)(x'+y+z)(x+y'+z)(x+y+z')$$

2分決定木は**解図 2.1** に示す．

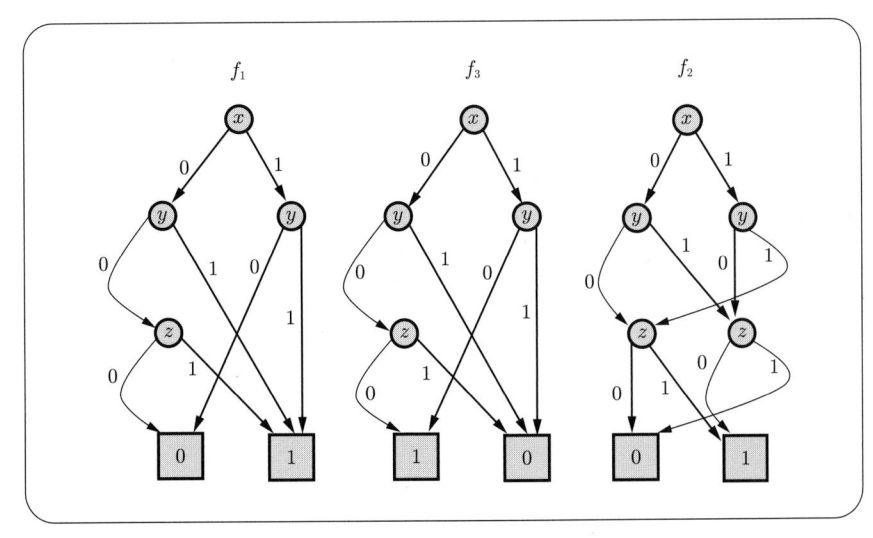

解図 2.1

116　理解度の確認；解説

(3 章)

問 3.1 回路の入力に対し，すべての入力組合せを入れた場合の出力値を求め，真理値表を作って，それぞれ 2 入力 NOR と 3 入力 NAND となっていることを確認すればよい．

問 3.2 すべての入力組合せを入れた場合の出力値を求め，真理値表を作って確認すればよい．

問 3.3 解図 3.1①，②にそれぞれの回路を示す．

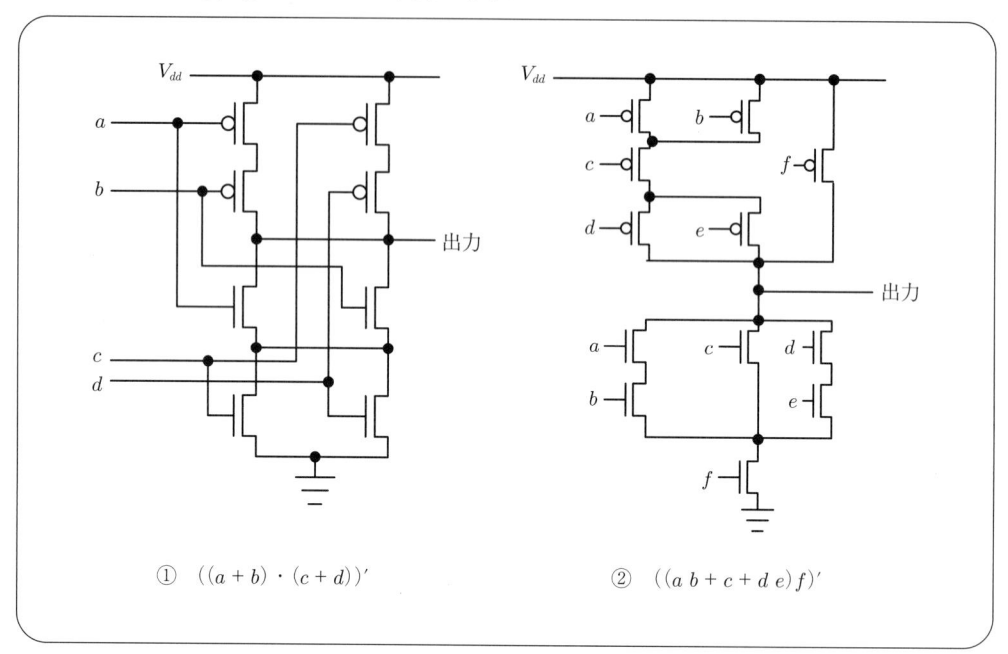

① $((a+b)\cdot(c+d))'$ 　　② $((ab+c+de)f)'$

解図 3.1

(4 章)

問 4.1 図 4.8 の頂点の番号を使うと，解図 4.1 のような対応となる．

頂点番号	最小項	頂点番号	最小項
0	$x_1' x_2' x_3' x_4'$	8	$x_1' x_2' x_3' x_4$
1	$x_1 x_2' x_3' x_4'$	9	$x_1 x_2' x_3' x_4$
2	$x_1' x_2 x_3' x_4'$	10	$x_1' x_2 x_3' x_4$
3	$x_1 x_2 x_3' x_4'$	11	$x_1 x_2 x_3' x_4$
4	$x_1' x_2' x_3 x_4'$	12	$x_1' x_2' x_3 x_4$
5	$x_1 x_2' x_3 x_4'$	13	$x_1 x_2' x_3 x_4$
6	$x_1' x_2 x_3 x_4'$	14	$x_1' x_2 x_3 x_4$
7	$x_1 x_2 x_3 x_4'$	15	$x_1 x_2 x_3 x_4$

解図 4.1

問 **4.2** 点, 辺, 面は容易に確認できる. 立方体は, 図 4.8 の頂点番号を使って表すと, 下記の 8 個がある.

$\{0,1,2,3,4,5,6,7\}$, $\{8,9,10,11,12,13,14,15\}$, $\{0,1,2,3,8,9,10,11\}$,
$\{4,5,6,7,12,13,14,15\}$, $\{0,1,4,5,8,9,12,13\}$, $\{2,3,6,7,10,11,14,15\}$,
$\{0,2,4,6,8,10,12,14\}$, $\{1,3,5,7,9,11,13,15\}$

問 **4.3** 解図 4.2 のように, それぞれ隣接する 4 つの欄からなる部分に対応する.

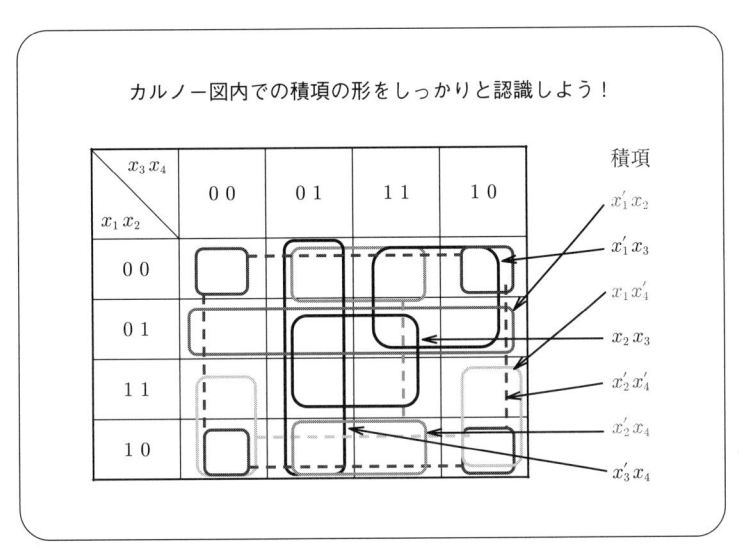

解図 **4.2** 各積項のカルノー図

問 **4.4** 解図 4.3 のように, カルノー図で表して最小積和表現が求められる. 図 (b) の f_2 はすべての積項が最小項であり, 4 変数論理関数の中で最小積和表現のリテラル数が最も大きくなる 2 つの関数の 1 つである. もう 1 つは, 真理値表の 0 と 1 を逆転させた関数である.

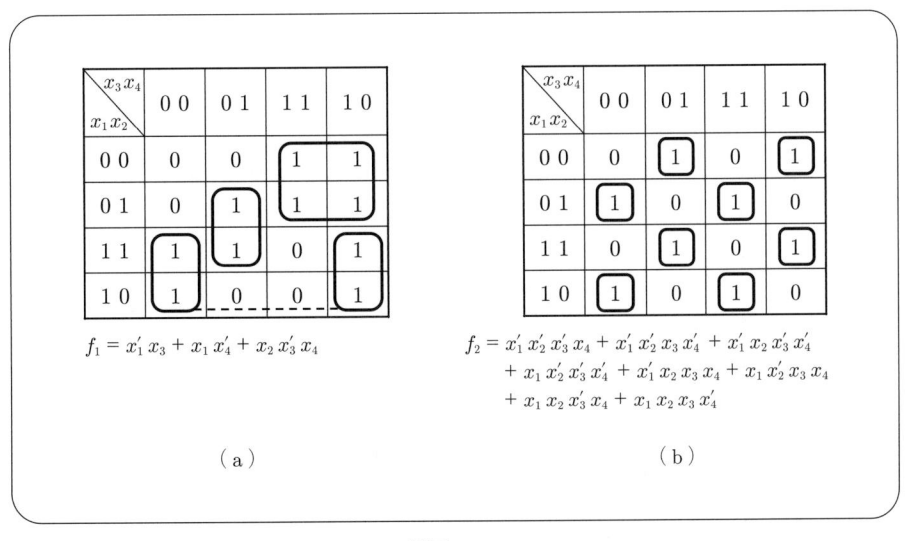

$f_1 = x_1' x_3 + x_1 x_4' + x_2 x_3' x_4$

$f_2 = x_1' x_2' x_3' x_4 + x_1' x_2' x_3 x_4' + x_1' x_2 x_3' x_4'$
$\quad + x_1' x_2 x_3 x_4 + x_1 x_2' x_3' x_4' + x_1 x_2' x_3 x_4$
$\quad + x_1 x_2 x_3' x_4 + x_1 x_2 x_3 x_4'$

(a)　　　　　　　　　　(b)

解図 **4.3**

理解度の確認；解説

（5 章）

問 5.1　式 (4.8) の最小積和表現に基づいて回路を構成すれば，解図 5.1 のようになる．遅延時間は 3 単位時間となる．

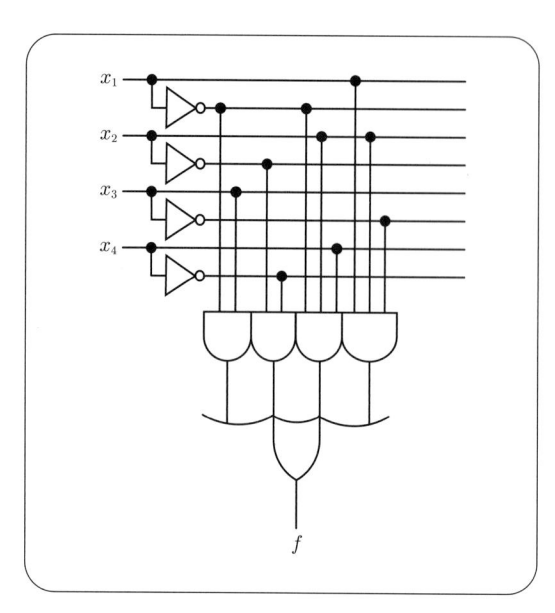

解図 5.1　図 4.10 の関数の式 (4.8) による AND-OR 2 段組合せ回路

問 5.2　図 5.7 のように，3 入力以上の AND 及び OR を 2 入力の AND 及び OR で置き換えればよい．

（6 章）

問 6.1　解図 6.1(a) に記憶情報が 1 の場合を示す．解図 (b) の記憶情報が 0 の場合は，1 と 0 がすべて入れ替わる．

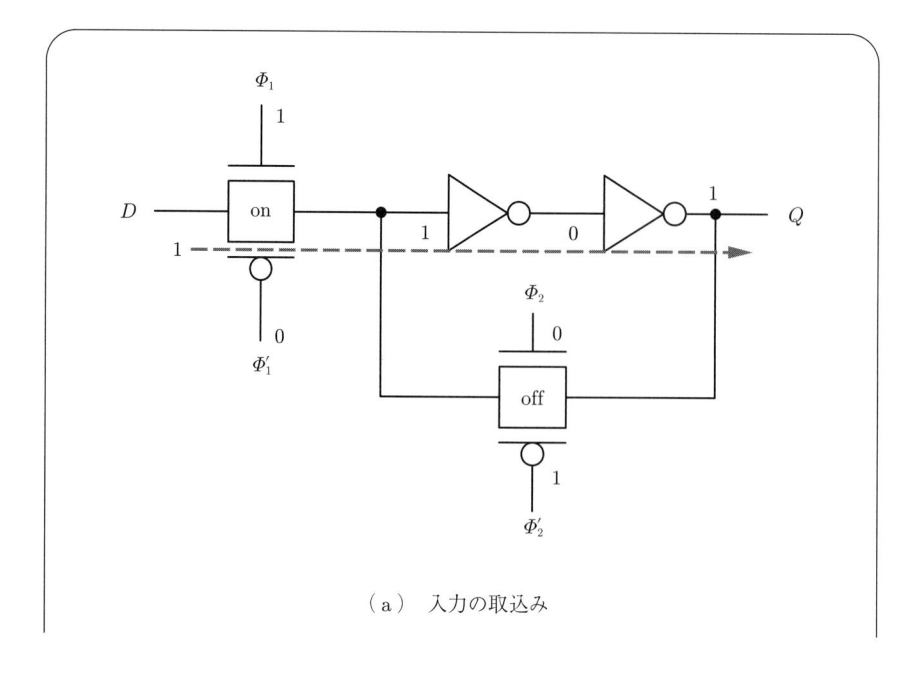

（a）入力の取込み

理解度の確認；解説　**119**

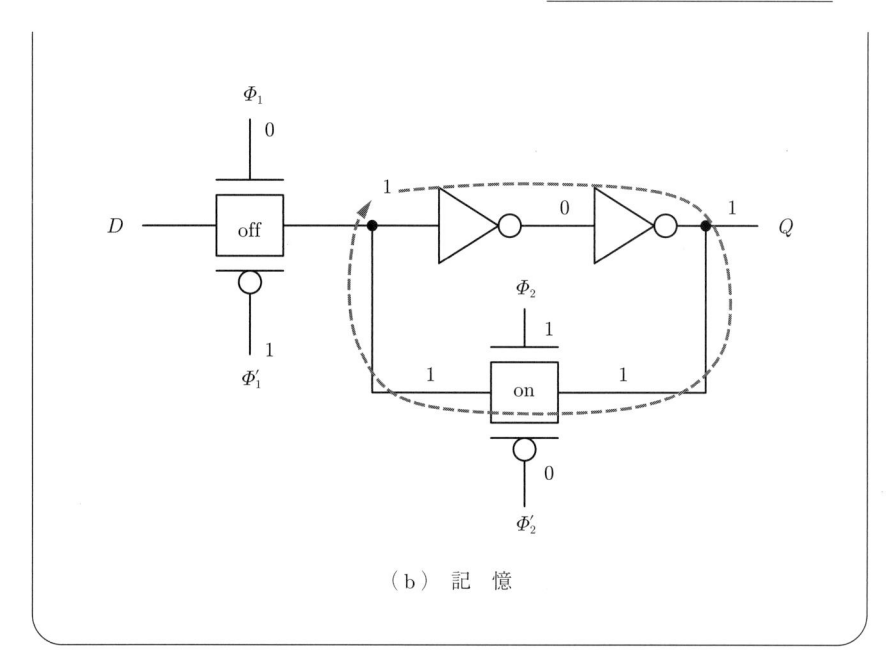

(b) 記憶

解図 **6.1**

問 6.2　解図 **6.2** のようにトランジスタ回路として構成するとき，トランスファゲートの入力はインバータ 1 個で位相が逆転した制御信号を作っておけばよい．

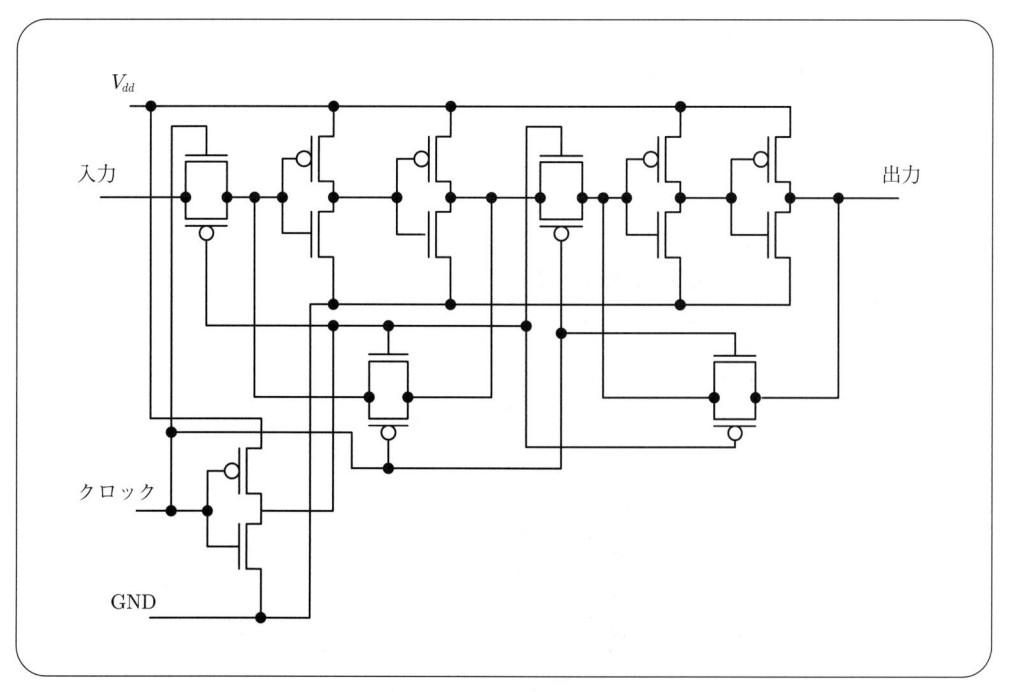

解図 **6.2**

(7 章)

問 7.1 状態遷移表から**解図 7.1** に示すような状態遷移図が得られる．

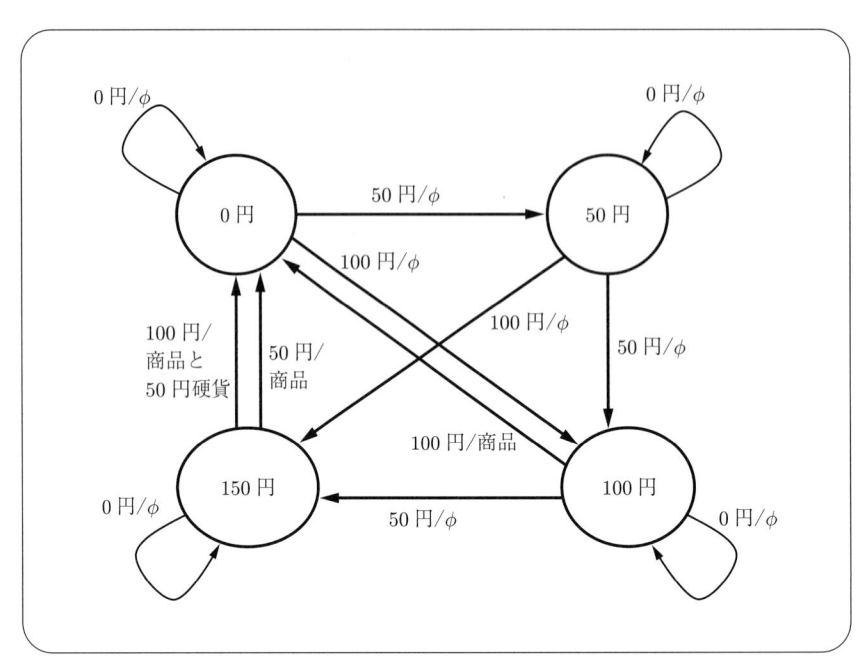

解図 7.1

問 7.2 以下のような順序機械となる．

$$M = (I, O, S, \delta, \lambda)$$

$I : \{\phi, 10\,\text{円硬貨}, 50\,\text{円硬貨}\}$

$O : \{\phi, \text{切符}, \text{切符} + 10\,\text{円硬貨}, \text{切符} + 10\,\text{円硬貨 2 枚}, \text{切符} + 10\,\text{円硬貨 3 枚}, \text{切符} + 10\,\text{円硬貨 4 枚}\}$

$S : \{0\,\text{円}, 10\,\text{円}, 20\,\text{円}, 30\,\text{円}, 40\,\text{円}, 50\,\text{円}, 60\,\text{円}\}$

状態遷移関数と出力関数は**解図 7.2** の状態遷移表で表される．

状態＼入力	ϕ	10 円硬貨	50 円硬貨
0 円	0 円/ϕ	10 円/ϕ	50 円/ϕ
10 円	10 円/ϕ	20 円/ϕ	60 円/ϕ
20 円	20 円/ϕ	30 円/ϕ	0 円/切符
30 円	30 円/ϕ	40 円/ϕ	0 円/切符 + 10 円硬貨
40 円	40 円/ϕ	50 円/ϕ	0 円/切符 + 10 円硬貨 2 枚
50 円	50 円/ϕ	60 円/ϕ	0 円/切符 + 10 円硬貨 3 枚
60 円	60 円/ϕ	0 円/切符	0 円/切符 + 10 円硬貨 4 枚

解図 7.2　状態遷移表

(8 章)

問 8.1 反射律，対象律，推移律が成り立つことを確認すればよい．

問 8.2 状態の同値関係を調べると**解図 8.1** の (a)〜(c) のようになり，5 状態の等価な機械が得られる．

(9 章)

問 9.1 例えば，**解図 9.1** (a)〜(f) のように回路が構成できる．符号割当を変えると，組合せ回路部分の論理関数は変わる．

(10 章)

問 10.1 図 10.2 の点 A における論理関数は

$$((a+b)c + ab)' = (ab + bc + ca)'$$

となっており，式 (7.3) の否定となっているので，インバータを通せば c^* が計算できている．

点 B における論理関数は

$$((ab+bc+ca)'(a+b+c) + abc)' = ((ab)'(bc)'(ca)')(a+b+c) + abc)'$$
$$= ((a'+b')(b'+c')(c'+a')(a+b+c) + abc)'$$
$$= (a'b'c + a'bc' + ab'c' + abc)'$$

となっており，式 (7.4) の否定となっているので，インバータを通せば s が計算できている．

問 10.2 図 10.6 のフリップフロップの値を上から順に並べると

クロック 0 : 0 0 0 0 0 0
クロック 1 : 0 0 0 0 1 1
クロック 2 : 0 0 0 0 1 1
クロック 3 : 0 0 1 1 1 1
クロック 4 : 1 0 0 1 1 1

問 10.3 **解図 10.1** に示す．

a									
b	$e\equiv j$ $b\equiv d$								
c	×	×							
d	×	×	×						
e	$e\equiv f$ $b\equiv d$	$f\equiv j$ $b\equiv d$	×						
f	$e\equiv f$ $b\equiv i$	$f\equiv j$ $d\equiv i$	×	×	$b\equiv i$				
g	×	×	$c\equiv g$ $a\equiv f$	×	×				
h	×	×	×	$d\equiv h$ $c\equiv g$	×	×			
i	$e\equiv j$ $b\equiv h$	$d\equiv h$	×	×	$f\equiv j$ $b\equiv h$	$f\equiv j$ $h\equiv c$	×	×	
j	×	×	$c\equiv g$ $a\equiv e$	×	×	×	$e\equiv f$	×	×
	a	b	c	d	e	f	g	h	i

(a)

a									
b	$e\equiv j$ ✕ $b\equiv d$								
c	×	×							
d	×	×	×						
e	$e\equiv f$	$f\equiv j$ ✕ $b\equiv d$	×	×					
f	$e\equiv f$ $b\equiv i$	$f\equiv j$ ✕ $d\equiv i$	×	×	$b\equiv i$				
g	×	×	$c\equiv g$ $a\equiv f$	×	×				
h	×	×	×	$d\equiv h$ $c\equiv g$	×	×			
i	$e\equiv j$ ✕ $b\equiv h$	$d\equiv h$	×	×	$f\equiv j$ ✕ $b\equiv h$	$f\equiv j$ ✕ $h\equiv c$	×	×	
j	×	×	$c\equiv g$ $a\equiv e$	×	×	×	$e\equiv f$	×	×
	a	b	c	d	e	f	g	h	i

(b)

結果として
$\{a,e,f\}$, $\{b,i\}$, $\{c,g,j\}$, $\{b,h\}$
の4つの互いに等価な状態集合に分割できる．それぞれから，代表元として a, b, c, d を選ぶと右のような状態遷移表が得られる

状態	入力0	入力1
a	$a/0$	$b/1$
b	$c/0$	$d/1$
c	$c/0$	$a/0$
d	$d/1$	$c/1$

(c)

解図 8.1

(a)

現状態	入力 0	入力 1
a	$b/1$	$c/1$
b	$d/1$	$e/1$
c	$f/0$	$a/1$
d	$f/1$	$f/1$
e	$f/0$	$g/1$
f	$e/0$	$h/1$
g	$f/1$	$e/1$
h	$e/1$	$f/1$

a							
b	$b\equiv d$ $c\equiv e$						
c	×	×					
d	$b\equiv f$ $c\equiv f$	$d\equiv f$ $e\equiv f$	×				
e	×	×	$a\equiv g$	×			
f	×	×	$f\equiv e$ $a\equiv h$	×	$f\equiv e$ $g\equiv h$		
g	$b\equiv f$ $c\equiv e$	$d\equiv f$	×	$f\equiv e$	×	×	
h	$b\equiv e$ $c\equiv f$	$d\equiv e$ $e\equiv f$	×	$f\equiv e$	×	×	$f\equiv e$
	a	b	c	d	e	f	g

(a)

(b)

a							
b	$b\equiv d$ $c\equiv e$						
c	×	×					
d	$b\not\equiv f$ $c\equiv f$	$d\not\equiv f$ $e\equiv f$	×				
e	×	×	$a\not\equiv g$	×			
f	×	×	$f\not\equiv e$ $a\equiv h$	×	$g\equiv h$		
g	$b\not\equiv f$ $c\equiv e$	$d\not\equiv f$	×	$f\equiv e$	×	×	
h	$b\not\equiv e$ $c\equiv f$	$d\equiv e$ $e\equiv f$	×	$f\equiv e$	×	×	$f\equiv e$
	a	b	c	d	e	f	g

(b)

(c)

a							
b	×						
c	×	×					
d	×	×	×				
e	×	×	×	×			
f	×	×	×	×	$g\equiv h$		
g	×	×	×	$f\equiv e$	×	×	
h	×	×	×	$f\equiv e$	×	×	$f\equiv e$
	a	b	c	d	e	f	g

状態	入力 0	入力 1
a	$b/1$	$c/1$
b	$d/1$	$e/1$
c	$e/0$	$a/1$
d	$e/1$	$e/1$
e	$e/0$	$d/1$

結果として f と e, d と g と h が互いに等価であることがわかる.
よって状態数最小の等価な機械は右のようになる

(c)

解図 9.1

S	$y_0\ y_1\ y_2$
a	0 0 0
b	0 0 1
c	0 1 0
d	0 1 1
e	1 0 0

x \ $y_0 y_1 y_2$	0	1
0 0 0	0 0 0 / 1	0 1 0 / 1
0 0 1	0 1 1 / 1	1 0 0 / 1
0 1 0	1 0 0 / 0	0 0 0 / 1
0 1 1	1 0 0 / 1	1 0 0 / 1
1 0 0	1 0 0 / 0	0 1 1 / 1

$y_2 x$ \ $y_0 y_1$	0 0	0 1	1 1	1 0
0 0	0 0 1/1	0 1 0/1	1 0 0/1	0 1 1/1
0 1	1 0 0/0	0 0 0/1	1 0 0/1	1 0 0/1
1 1	* * */*	* * */*	* * */*	* * */*
1 0	1 0 0/0	0 1 1/1	* * */*	* * */*

(d) 符号割当て

$y_2 x$ \ $y_0 y_1$	0 0	0 1	1 1	1 0
0 0	0	0	1	0
0 1	1	0	1	1
1 1	*	*	*	*
1 0	1	0	*	*

$Y_0 = y_0 x' + y_1 x' + y_2 x$

$y_2 x$ \ $y_0 y_1$	0 0	0 1	1 1	1 0
0 0	0	1	0	1
0 1	0	0	0	0
1 1	*	*	*	*
1 0	0	1	*	*

$Y_1 = y_1' y_2' x + y_1' y_2 x'$

$y_2 x$ \ $y_0 y_1$	0 0	0 1	1 1	1 0
0 0	1	0	0	1
0 1	0	0	0	0
1 1	*	*	*	*
1 0	0	1	*	*

$Y_2 = y_0 x + y_0' y_1' x'$

$y_2 x$ \ $y_0 y_1$	0 0	0 1	1 1	1 0
0 0	1	1	1	1
0 1	0	1	1	1
1 1	*	*	*	*
1 0	0	1	*	*

$z = y_0' y_1' + y_2 + x$

(e)

解図 9.1 (つづき 1)

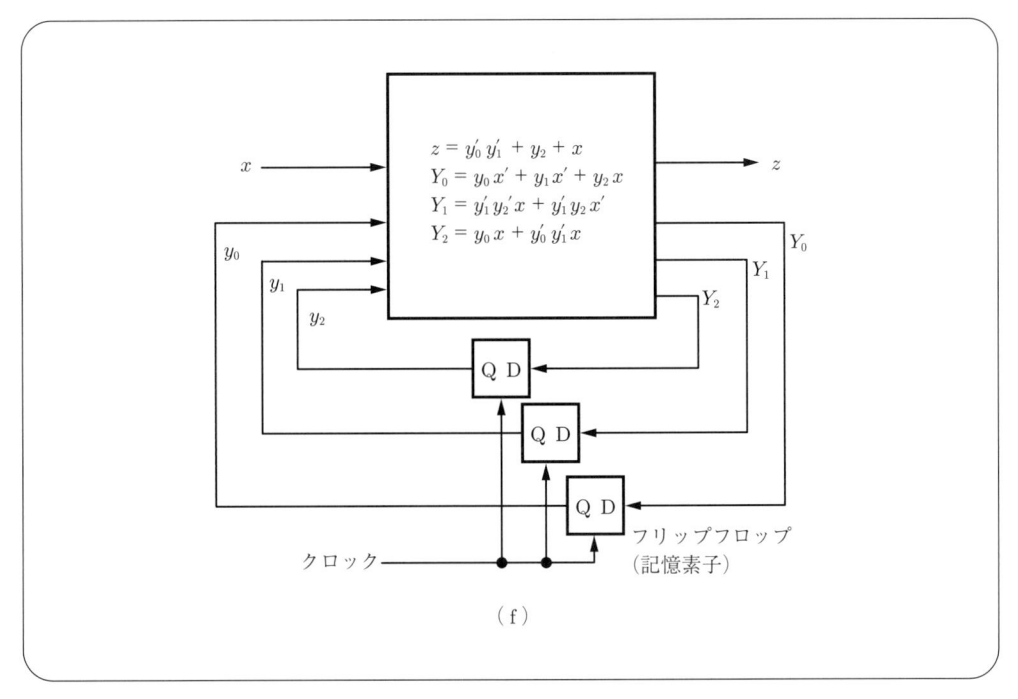

理解度の確認；解説 125

$$z = y_0' y_1' + y_2 + x$$
$$Y_0 = y_0 x' + y_1 x' + y_2 x$$
$$Y_1 = y_1' y_2' x + y_1' y_2 x'$$
$$Y_2 = y_0 x + y_0' y_1' x$$

クロック
フリップフロップ
（記憶素子）

(f)

解図 9.1 （つづき 2）

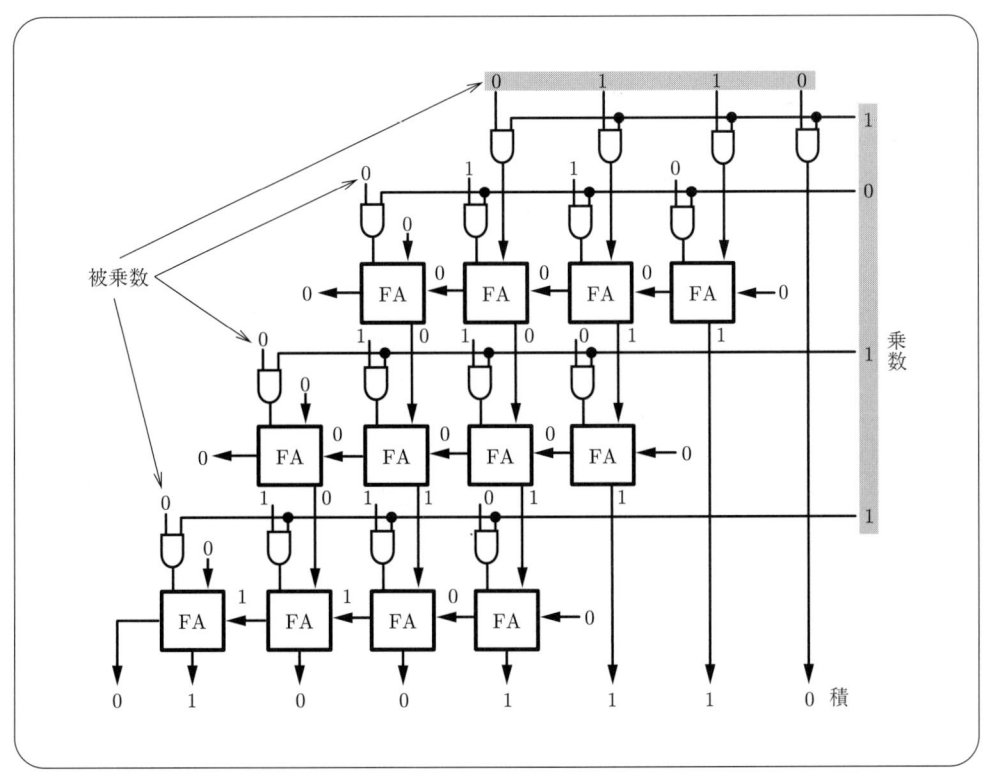

被乗数
乗数
積

解図 10.1

索引

【あ】
アナログ方式 ……………… 2, 8

【い】
位相同期回路 ……………… 102
インバータ ………………… 25

【か】
加算 ………………………… 106
加算回路 …………………… 106
加算器 ……………………… 106
加数 ………………………… 106
カルノー図 ……………… 36, 45
関数 ………………………… 10

【き】
偽 …………………………… 12
記憶 …………………… 56, 64
記憶装置 …………………… 7
幾何学的表現 …… 34–36, 40, 45
帰納的 ……………………… 16
規模 ………………………… 51
基本論理素子 ……………… 29
キャッシュメモリ ………… 58
吸収律 ……………………… 13

【く】
組合せ論理回路 …… 29, 48, 54
組込みシステム …………… 7
位取り基数表現 …………… 5
クロック …………………… 58
クロック周期 …………… 97, 102
クロック信号 …… 95, 101, 104
——の周期 …………… 95

【け】
系列検出器 ………………… 92
桁上げ先見加算器 ………… 109
結合律 ……………………… 13
ゲート ……………………… 24

【こ】
交換律 ……………………… 13
恒等関数 …………………… 13

誤動作 ……………………… 4
コンセンサス ……………… 14

【さ】
最簡積和表現 ……………… 39
最小化順序 2 分決定グラフ
  ………………………… 20
最小項 ……………………… 17
最小積和表現 …………… 39, 48
最大項 ……………………… 17
最短符号 …………………… 86
雑音 ……………………… 4, 7
算術演算 …………………… 106

【し】
しきい電圧 ……………… 6, 26
時系列信号 ………………… 64
自動設計のプログラム …… 43
自動販売機 ………………… 64
シャノン …………………… 19
シャノン展開 ……………… 19
主項 ………………………… 40
出力アルファベット
  ……………………… 66, 84, 92
出力関数 …………… 66, 84, 92
出力変数 …………………… 10
順次桁上げ加算器 ………… 109
順序回路 …………… 64, 71, 84
順序機械 …………………… 64
順序対 ……………………… 10
乗算 ………………………… 109
乗算器 ……………………… 111
乗数 ………………………… 110
状態集合 …………… 66, 84, 92
状態数最小化 …… 81, 82, 92
状態数最小化問題 ……… 75, 81
状態遷移関数 …… 66, 71, 84, 92
状態遷移図 ………………… 68
状態遷移表 ………………… 67
消費エネルギー …………… 51
消費電力 …………………… 53
真 …………………………… 12
真理値表 …………………… 15

【す】
推移律 ……………………… 78
水晶 …………………… 101, 102
スタティックラッチ …… 57, 62

【せ】
製造ばらつき ……………… 5
積項 ………………………… 16
積和標準形 ………………… 17
積和論理式 ………………… 16
設計自動化技術 …………… 100
零元 ………………………… 13
ゼロサプレス型 BDD …… 21
全加算器 …………………… 106

【そ】
双対原理 …………………… 14
相補的 MOS ………………… 25
相補律 ……………………… 13
ソース …………………… 24, 56

【た】
対称律 ……………………… 78
代数系 ……………………… 10
ダイナミックラッチ …… 56, 62
代表元 ……………………… 78
大容量磁気ディスク ……… 7
単位元 ……………………… 13
単項演算 ………………… 10, 12

【ち】
遅延時間 …………… 52, 53, 97
超立方体 …………………… 35
直積 ………………………… 10
直列 ………………………… 26
直列加算器 ……… 70, 106, 112
直列乗算器 …………… 111, 112

【て】
ディジタル通信 …………… 7
ディジタル方式 …… 2, 3, 5, 8
ディジタル放送 …………… 7
電力消費 …………………… 53

【と】

等　価 ……………………… 75, 76
　──な状態 ……………… 76, 82
同　期 ………………… 85, 95, 96
同期式順序回路 …… 91, 95, 103
動作速度 ……………………… 51
同値関係 ……………………… 78
ド・モルガンの法則 …… 14, 50
トランスファゲート ………… 56
ドレーン ………………… 24, 56

【に】

入力アルファベット
　……………………… 66, 84, 91
入力変数 ……………………… 10

【は】

排他的論理和 ………………… 13
発　熱 ………………………… 53
ハードウェア記述言語 ……… 51
反射律 ………………………… 78
半導体トランジスタ ………… 24

【ひ】

被加数 ……………………… 106
被乗数 ……………………… 110
必須主項 ……………………… 40
否　定 ………………………… 11

【ふ】

フィードバックループ ……… 57
負荷容量 ……………………… 53
不完全指定有限状態機械
　……………………………… 81, 82

不完全指定論理関数 ……… 43
復元律 ………………………… 14
複雑な論理素子 ……………… 26
符　号 ………………………… 3
符号化 ………………… 70, 84, 86
符号割当 ……… 86, 89, 92, 103
ブライアント ………………… 20
フラッシュメモリ …………… 7
フリップフロップ …………… 56
分　割 ………………………… 78
分周器 ……………………… 102
分配律 ………………………… 13

【へ】

並　列 ………………………… 26
並列加算器 ………… 107, 112
並列乗算器 ………… 111, 113
ベキ等律 ……………………… 13

【ま】

マスタースレーブフリップ
　フロップ ………… 60, 62, 85

【み】

湊　真一 ……………………… 20

【め】

メモリ回路 …………………… 56

【ゆ】

有限オートマトン …………… 64
有限状態機械
　……………… 64, 66, 71, 91, 103
　──の等価性 ……………… 82

【よ】

良い回路 ………………… 33, 34

【ら】

ラッチ ………………………… 56

【り】

離散化 ………………………… 3
リテラル ……………………… 16
量子化 ……………………… 3, 64
量子化誤差 ………… 3, 4, 7, 8
リング発信器 ……………… 101

【れ】

レジスタ ……………………… 58

【ろ】

論理回路 ……………………… 7
論理学 ………………………… 12
論理関数 ………………… 14, 21
　──の簡単化 ……………… 45
論理合成技術 ……………… 100
論理合成プログラム ………… 51
論理式 …………………… 16, 21
論理積 ………………………… 11
論理素子 ……………………… 24
論理代数 ………… 10, 11, 21
論理変数 ……………………… 16
論理和 ………………………… 11

【わ】

和　項 ………………………… 16
和積標準形 …………………… 17
和積論理式 …………………… 16

【A】

algebraic system ……………… 10
analog …………………………… 2
AND …………………………… 11
AND-OR 2段回路 …… 50, 54

【B】

BDD …………………………… 18
binary operation ……………… 10
binary relation ………………… 10
binary representation ………… 5

【C】

canonical product of sums form
　……………………………… 17

canonical sum of products form
　……………………………… 17
carry look-ahead adder … 109
CD ……………………………… 7
clock …………………………… 58
CMOS …………………… 24, 25
CMOS 回路 …………………… 7
CMOS 論理回路 ……………… 29
code …………………………… 3
C. E. Shannon ………………… 19

【D】

decimal representation ……… 5
delay time …………………… 52
digital ………………………… 3
direct product ……………… 10

don't care ……………… 44, 89
DRAM ………………………… 57
DVD …………………………… 7
dynamic latch ……………… 56

【E】

equivalent …………………… 75
EXOR ………………………… 13

【F】

FA（finite automaton）…… 64
FA（full adder）…………… 106
False ………………………… 12
feedback loop ……………… 57
flash memory ………………… 7
flip-flop ……………………… 56

FSM ················· 64

【I】

incompletely specified finite
　state machine ··········· 82
inverter ················· 25

【L】

latch ··················· 56
literal ·················· 16
logical expression ········ 16
logical formula ··········· 16
logical inverse ··········· 11
logic algebra ············· 10
logic element ············ 24
logic function ············ 14

【M】

master-slave flip-flop ····· 60
maxterm ················ 17
Mealy 型 ··········· 67, 92
memory ············ 56, 64
memory circuit ··········· 56
minterm ················ 17
Moore 型 ················ 67
MOS トランジスタ ········ 24
MOSFET ················ 24

【N】

n 組 ·················· 10
n チャネル MOS ·········· 24
n 変数論理関数 ··········· 15
NAND ·················· 27

NOR ··················· 27
NP 完全問題 ············· 21
NP complete problems ···· 21

【O】

one-hot 符号 ············· 86
OR ····················· 11
ordered pair ············· 10

【P】

p チャネル MOS ·········· 24
parallel adder ··········· 107
parallel multiplier ········ 111
PLL ··················· 102
principle of dual ·········· 14
product of sums ·········· 16
product term ············· 16

【Q】

quantization error ········· 3
Quine-MaCluskey 法 ······ 42

【R】

ring oscillator ··········· 101
ripple carry adder ········ 109
ROBDD ················· 20
R. E. Bryant ············· 20

【S】

sequential circuit ····· 64, 84
sequential machine ········ 64
serial adder ············· 106
serial multiplier ·········· 111

state transition diagram ··· 68
state transition table ······ 67
static latch ·············· 57
sum of products ·········· 16
sum term ················ 16
switching function ········ 14
synchronous sequential circuit
　······················ 91

【T】

transfer gate ············· 56
True ··················· 12
truth table ··············· 15

【U】

unary operation ·········· 10

【V】

Verilog HDL ············· 51
VHDL ·················· 51

【Z】

ZDD ··················· 21

【数　字】

10 進数表現 ············ 5, 6
2 項演算 ············ 10, 12
2 項関係 ················ 10
2 進数表現 ··········· 5, 6, 8
2 分決定グラフ ········ 18, 21

―― 著者略歴 ――

安浦　寛人（やすうら　ひろと）
1980 年　京都大学大学院工学研究科博士課程中退（情報工学専攻）
1983 年　工学博士（京都大学）
現在，九州大学理事・副学長

論理回路
Logic Circuit Design　　　　　ⓒ 一般社団法人　電子情報通信学会　2015

2015 年 10 月 8 日　初版第 1 刷発行

検印省略	編　者	一般社団法人 電子情報通信学会 http://www.ieice.org/
	著　者	安　浦　寛　人
	発行者	株式会社　コロナ社 代表者　牛来真也

112-0011　東京都文京区千石 4-46-10
発行所　株式会社　**コ ロ ナ 社**
CORONA PUBLISHING CO., LTD.
Tokyo Japan　　Printed in Japan
振替 00140-8-14844・電話（03）3941-3131（代）
http://www.coronasha.co.jp

ISBN 978-4-339-01820-2
印刷：三美印刷／製本：愛千製本所

本書のコピー，スキャン，デジタル化等の無断複製・転載は著作権法上での例外を除き禁じられております。購入者以外の第三者による本書の電子データ化及び電子書籍化は，いかなる場合も認めておりません。

落丁・乱丁本はお取替えいたします

電子情報通信レクチャーシリーズ

■電子情報通信学会編　　　（各巻B5判）

共通

	配本順			頁	本体
A-1	（第30回）	電子情報通信と産業	西村吉雄著	272	4700円
A-2	（第14回）	電子情報通信技術史 ―おもに日本を中心としたマイルストーン―	「技術と歴史」研究会編	276	4700円
A-3	（第26回）	情報社会・セキュリティ・倫理	辻井重男著	172	3000円
A-4		メディアと人間	原島 博／北川 高嗣 共著		
A-5	（第6回）	情報リテラシとプレゼンテーション	青木由直著	216	3400円
A-6	（第29回）	コンピュータの基礎	村岡洋一著	160	2800円
A-7	（第19回）	情報通信ネットワーク	水澤純一著	192	3000円
A-8		マイクロエレクトロニクス	亀山充隆著		
A-9		電子物性とデバイス	益 一哉／天川 修平 共著		

基礎

	配本順			頁	本体
B-1		電気電子基礎数学	大石進一著		
B-2		基礎電気回路	篠田庄司著		
B-3		信号とシステム	荒川薫著		
B-5	（第33回）	論理回路	安浦寛人著	140	2400円
B-6	（第9回）	オートマトン・言語と計算理論	岩間一雄著	186	3000円
B-7		コンピュータプログラミング	富樫敦著		
B-8		データ構造とアルゴリズム	岩沼宏治他著		
B-9		ネットワーク工学	仙石正和／田村敬介／中野敬裕 共著		
B-10	（第1回）	電磁気学	後藤尚久著	186	2900円
B-11	（第20回）	基礎電子物性工学 ―量子力学の基本と応用―	阿部正紀著	154	2700円
B-12	（第4回）	波動解析基礎	小柴正則著	162	2600円
B-13	（第2回）	電磁気計測	岩﨑俊著	182	2900円

基盤

	配本順			頁	本体
C-1	（第13回）	情報・符号・暗号の理論	今井秀樹著	220	3500円
C-2		ディジタル信号処理	西原明法著		
C-3	（第25回）	電子回路	関根慶太郎著	190	3300円
C-4	（第21回）	数理計画法	山下信雄／福島雅夫 共著	192	3000円
C-5		通信システム工学	三木哲也著		
C-6	（第17回）	インターネット工学	後藤滋樹／外山勝保 共著	162	2800円
C-7	（第3回）	画像・メディア工学	吹抜敬彦著	182	2900円
C-8	（第32回）	音声・言語処理	広瀬啓吉著	140	2400円
C-9	（第11回）	コンピュータアーキテクチャ	坂井修一著	158	2700円

配本順			著者	頁	本体
C-10		オペレーティングシステム			
C-11		ソフトウェア基礎	外山芳人 著		
C-12		データベース			
C-13	(第31回)	集積回路設計	浅田邦博 著	208	3600円
C-14	(第27回)	電子デバイス	和保孝夫 著	198	3200円
C-15	(第8回)	光・電磁波工学	鹿子嶋憲一 著	200	3300円
C-16	(第28回)	電子物性工学	奥村次徳 著	160	2800円

展開

配本順			著者	頁	本体
D-1		量子情報工学	山崎浩一 著		
D-2		複雑性科学			
D-3	(第22回)	非線形理論	香田徹 著	208	3600円
D-4		ソフトコンピューティング			
D-5	(第23回)	モバイルコミュニケーション	中川正雄・大槻知明 共著	176	3000円
D-6		モバイルコンピューティング			
D-7		データ圧縮	谷本正幸 著		
D-8	(第12回)	現代暗号の基礎数理	黒澤馨・尾形わかは 共著	198	3100円
D-10		ヒューマンインタフェース			
D-11	(第18回)	結像光学の基礎	本田捷夫 著	174	3000円
D-12		コンピュータグラフィックス			
D-13		自然言語処理	松本裕治 著		
D-14	(第5回)	並列分散処理	谷口秀夫 著	148	2300円
D-15		電波システム工学	唐沢好男・藤井威生 共著		
D-16		電磁環境工学	徳田正満 著		
D-17	(第16回)	VLSI工学 —基礎・設計編—	岩田穆 著	182	3100円
D-18	(第10回)	超高速エレクトロニクス	中村徹・三島友義 共著	158	2600円
D-19		量子効果エレクトロニクス	荒川泰彦 著		
D-20		先端光エレクトロニクス			
D-21		先端マイクロエレクトロニクス			
D-22		ゲノム情報処理	高木利久・小池麻子 編著		
D-23	(第24回)	バイオ情報学 —パーソナルゲノム解析から生体シミュレーションまで—	小長谷明彦 著	172	3000円
D-24	(第7回)	脳工学	武田常広 著	240	3800円
D-25		生体・福祉工学	伊福部達 著		
D-26		医用工学			
D-27	(第15回)	VLSI工学 —製造プロセス編—	角南英夫 著	204	3300円

定価は本体価格+税です。
定価は変更されることがありますのでご了承下さい。

図書目録進呈◆

電子情報通信学会 大学シリーズ

(各巻A5判，欠番は品切です)

■電子情報通信学会編

	配本順		著者	頁	本体
A-1	(40回)	応 用 代 数	伊藤 理 正夫／重 悟 共著	242	3000円
A-2	(38回)	応 用 解 析	堀内 和夫 著	340	4100円
A-3	(10回)	応用ベクトル解析	宮崎 保光 著	234	2900円
A-4	(5回)	数 値 計 算 法	戸川 隼人 著	196	2400円
A-5	(33回)	情 報 数 学	廣瀬 健 著	254	2900円
A-6	(7回)	応 用 確 率 論	砂原 善文 著	220	2500円
B-1	(57回)	改訂 電 磁 理 論	熊谷 信昭 著	340	4100円
B-2	(46回)	改訂 電 磁 気 計 測	菅野 允 著	232	2800円
B-3	(56回)	電 子 計 測(改訂版)	都築 泰雄 著	214	2600円
C-1	(34回)	回 路 基 礎 論	岸 源也 著	290	3300円
C-2	(6回)	回 路 の 応 答	武部 幹 著	220	2700円
C-3	(11回)	回 路 の 合 成	古賀 利郎 著	220	2700円
C-4	(41回)	基礎アナログ電子回路	平野 浩太郎 著	236	2900円
C-5	(51回)	アナログ集積電子回路	柳沢 健 著	224	2700円
C-6	(42回)	パ ル ス 回 路	内山 明彦 著	186	2300円
D-2	(26回)	固 体 電 子 工 学	佐々木 昭夫 著	238	2900円
D-3	(1回)	電 子 物 性	大坂 之雄 著	180	2100円
D-4	(23回)	物 質 の 構 造	高橋 清 著	238	2900円
D-5	(58回)	光 ・ 電 磁 物 性	多田 邦雄／松本 俊 共著	232	2800円
D-6	(13回)	電子材料・部品と計測	川端 昭 著	248	3000円
D-7	(21回)	電子デバイスプロセス	西永 頌 著	202	2500円
E-1	(18回)	半 導 体 デ バ イ ス	古川 静二郎 著	248	3000円
E-2	(27回)	電子管・超高周波デバイス	柴田 幸男 著	234	2900円
E-3	(48回)	センサデバイス	浜川 圭弘 著	200	2400円
E-4	(60回)	新版 光 デ バ イ ス	末松 安晴 著	240	3000円
E-5	(53回)	半 導 体 集 積 回 路	菅野 卓雄 著	164	2000円
F-1	(50回)	通 信 工 学 通 論	畔柳 功／塩谷 芳光 共著	280	3400円
F-2	(20回)	伝 送 回 路	辻井 重男 著	186	2300円

配本順			頁	本体
F-4 (30回)	通信方式	平松啓二著	248	3000円
F-5 (12回)	通信伝送工学	丸林　元著	232	2800円
F-7 (8回)	通信網工学	秋山　稔著	252	3100円
F-8 (24回)	電磁波工学	安達三郎著	206	2500円
F-9 (37回)	マイクロ波・ミリ波工学	内藤喜之著	218	2700円
F-10 (17回)	光エレクトロニクス	大越孝敬著	238	2900円
F-11 (32回)	応用電波工学	池上文夫著	218	2700円
F-12 (19回)	音響工学	城戸健一著	196	2400円
G-1 (4回)	情報理論	磯道義典著	184	2300円
G-2 (35回)	スイッチング回路理論	当麻喜弘著	208	2500円
G-3 (16回)	ディジタル回路	斉藤忠夫著	218	2700円
G-4 (54回)	データ構造とアルゴリズム	斎藤信男・西原清二共著	232	2800円
H-1 (14回)	プログラミング	有田五次郎著	234	2100円
H-2 (39回)	情報処理と電子計算機（「情報処理通論」改題新版）	有澤　誠著	178	2200円
H-5 (31回)	計算機方式	高橋義造著	234	2900円
H-7 (28回)	オペレーティングシステム論	池田克夫著	206	2500円
I-3 (49回)	シミュレーション	中西俊男著	216	2600円
I-4 (22回)	パターン情報処理	長尾　真著	200	2400円
J-1 (52回)	電気エネルギー工学	鬼頭幸生著	312	3800円
J-4 (29回)	生体工学	斎藤正男著	244	3000円
J-5 (59回)	新版画像工学	長谷川　伸著	254	3100円

以下続刊

C-7	制御理論	D-1	量子力学
F-3	信号理論	F-6	交換工学
G-5	形式言語とオートマトン	G-6	計算とアルゴリズム
J-2	電気機器通論		

定価は本体価格+税です。
定価は変更されることがありますのでご了承下さい。

図書目録進呈◆

電子情報通信学会 大学シリーズ演習

(各巻A5判，欠番は品切です)

配本順			頁	本体
3．(11回)	数 値 計 算 法 演 習	戸 川 隼 人 著	160	2200円
5．(2回)	応 用 確 率 論 演 習	砂 原 善 文 著	200	2000円
6．(13回)	電 磁 理 論 演 習	熊 谷・塩 澤 共 著	262	3400円
7．(7回)	電 磁 気 計 測 演 習	菅 野 　 允 著	192	2100円
10．(6回)	回 路 の 応 答 演 習	武 部・西 川 共 著	204	2500円
16．(5回)	電 子 物 性 演 習	大 坂 之 雄 著	230	2500円
27．(10回)	スイッチング回路理論演習	当 麻・米 田 共 著	186	2400円
31．(3回)	信 頼 性 工 学 演 習	菅 野 文 友 著	132	1400円

以 下 続 刊

1．	応 用 解 析 演 習　堀内 和夫他著	2．	応用ベクトル解析演習　宮崎 保光著
4．	情 報 数 学 演 習	8．	電 子 計 測 演 習　都築 泰雄他著
9．	回 路 基 礎 論 演 習	11．	基礎アナログ電子回路演習　平野浩太郎著
12．	パ ル ス 回 路 演 習　内山 明彦著	13．	制 御 理 論 演 習　児玉 慎三著
14．	量 子 力 学 演 習　神谷 武志他著	15．	固体電子工学演習　佐々木昭夫他著
17．	半導体デバイス演習	18．	半導体集積回路演習　菅野 卓雄他著
20．	信 号 理 論 演 習　原島 博他著	21．	通 信 方 式 演 習　平松 啓二著
24．	マイクロ波・ミリ波工学演習　内藤 喜之他著	25．	光エレクトロニクス演習
28．	ディジタル回路演習　斉藤 忠夫著	29．	デ ー タ 構 造 演 習　斎藤 信男他著
30．	プログラミング演習　有田五次郎著		電 子 計 算 機 演 習　松下・飯塚共著

定価は本体価格+税です。
定価は変更されることがありますのでご了承下さい。

図書目録進呈◆